基金项目：国家社科基金重大项目（项目编号：19ZDA191）
湖南省哲学社会科学基金重点项目（项目编号：21ZDB003）
中南大学"高端智库"项目（项目编号：2022znzk09）

生态设计研究

朱力◎著

中国建筑工业出版社

图书在版编目（CIP）数据

生态设计研究 / 朱力著 . -- 北京：中国建筑工业出版社，2024. 11. -- ISBN 978-7-112-30701-2

Ⅰ. X32

中国国家版本馆 CIP 数据核字第 20240RY947 号

当下的生态危机不仅是技术问题，也是社会问题、文化问题。生态设计以寻求"自然生态与人文生态"共同发展为目的。面对当下自然与人文生态共同的困境，本书秉承中国"和合"文化精髓，运用生态思维从三个层次对生态设计的社会、经济、文化、环境四个维度进行系统性研究。一是自然生态设计，涵盖了如何利用先进技术降低能源消耗并提高资源利用率，以应对复杂的自然生态危机；二是社会生态设计，探讨了如何通过社会创新设计、设计管理、设计时尚和系统设计，以协调人与社会的生态关系；三是精神生态设计，利用疗愈设计、生态设计伦理和美学协调人与自我之间的生态关系。由此建立起"三层四维"的系统生态设计研究框架，并提出基于"三态和合"的"全息"生态设计原则与多维实现路径。

本书适用于各类设计专业的理论工作者及相关领域专业人员阅读，同时可作为高等学校相关专业高年级学生的教学参考书。

责任编辑：张华　唐旭
责任校对：赵力

生态设计研究
朱力　著

*

中国建筑工业出版社出版、发行（北京海淀三里河路 9 号）
各地新华书店、建筑书店经销
北京雅盈中佳图文设计公司制版
北京中科印刷有限公司印刷

*

开本：787 毫米 × 1092 毫米　1/16　印张：9$\frac{3}{4}$　字数：179 千字
2024 年 11 月第一版　2024 年 11 月第一次印刷
定价：46.00 元
ISBN 978-7-112-30701-2
（44461）

版权所有　翻印必究
如有内容及印装质量问题，请与本社读者服务中心联系
电话：（010）58337283　QQ：2885381756
（地址：北京海淀三里河路 9 号中国建筑工业出版社 604 室　邮政编码：100037）

前　言

> 世界资本主义一体化不仅破坏自然环境、侵蚀社会关系，同时也在以一种更为隐秘和无形的方式对人类的态度、情感和心灵进行渗透。
>
> ——菲利克斯·加塔利

生态环境是人类生产与生活的物质来源和精神来源。在当下社会工业化带来的巨大经济发展过程中，人类实践活动超出了生态环境自身所能承载的限度，出现了植被退化、土地荒漠化、物种灭绝、能源短缺、臭氧层破坏、全球变暖等诸多生态环境困境，引发了严重的生态危机。与此同时，人们毫无约束地片面追求物质主义、享乐主义、消费主义，导致了生态环境系统的颠覆性破坏，因而面临着诸多问题和挑战，如人与自然的冲突、人与社会的冲突、人与自我的冲突，产生了自然、社会和精神生态危机。它们不仅是经济、环境问题，更是深层的社会及文化问题。

狭义的生态问题一般指自然生态问题。菲利克斯·加塔利（Félix Guattari）反思狭义的生态学局限，为应对主体性及其生产危机创造性地提出了生态体系理论，将狭义的、专指自然的生态扩展至广义的三大生态领域，即涵盖自然生态（Environmental Ecology）、社会生态（Social Ecology）、精神生态（Mental Ecology）的"三重生态学"体系。鲁枢元教授将生态学划分为三个相对独立的领域，即自然生态学、社会生态学和精神生态学，提出了"生态学三分法"，并恰当阐释了生态系统中循环演替、生生不息的状态，在三重生态要素之间建立了浑融圆通的关系。这些研究为缓解当下的生态问题提供了重要的"全息"生态思维。

中国人追求"和合"之道也许是当代社会应对生态问题的有效途径，"致中和，天地位焉，万物育焉"，只有达到"中和"，天地才行以正，万物才得以育。诚如《道德经》所云："道生一，一生二，二生三，三生万物。万物负阴而抱阳，冲气以为和。"明末清初思想家王夫之将认知的发生视为一个和合过程，即"形也，神也，物也，三相遇而知觉乃发。""和合"是人类文化精神之元，中国传统的"和合"生态思想强调天、地、人的有机整体性，主张扩大生态范畴，是一种以"全息"视角考察生态问题的东方智慧。中国人民大学教授张立文深入研究中华和合文化之渊源，创立了和合学理论体系，并指出，不管是人与自然、社会、人际关系，还是道德伦理、价值观念、心理结构、审美情感，都贯通着和合。他认为现代意义上的和合，是指自然、社会、人际、心灵、文明中诸多形相、无形相的互相冲突、融合，与在冲突融合的动态变易过程中诸多形相、无形相和合为新结构方式、新事物、新生命的总和。

  人类是自然的一部分，与自然界的其他生物共同构成了地球的生态系统。生态问题不仅威胁着自然生态的平衡，也导致社会生态与精神生态的失衡。生态设计直面人类"无限欲望"与地球"有限资源"之间的矛盾，已成为当前设计界关注和研究的热点之一。人类需要生态理念来引领和调整自身的生活方式，人类的自然、社会与精神危机需要生态设计去消解。

  在秉承"和合"文化精髓的基础上，本书立足自然生态设计、社会生态设计、精神生态设计，在差异中寻求统一，在变化中寻求稳定，将自然生态设计、社会生态设计、精神生态设计"三态和合"，共同构成了"全息"生态设计的内核。遵循"异构性""横贯性""非线性"的设计原则，是多元化与多层次的生态"和合"设计，也是信息时代自然环境与人文环境的全方位"和合"共生设计，追求人与自然、人与社会、人与自我的和谐共存。

  当下，国内外鲜有融合"和合"文化精髓与"全息"视角审视生态设计问题的研究，对于涉及自然、社会、精神等多维度的全息"生态设计"系统性理论缺乏，而这正是本书的研究对象。通过融合多学科知识，遵循自然生态与人文生态协调发展的主旋律，从"三层四维"角度建构了秉承"和合"文化精髓的"全息"生态设计研究框架，旨在引导当下生态设计范式的转变，重塑人类思维与生活方式。同时，通过全民生态设计教育引导社会多元主体，"碳"寻生态设计绿色闭环，建立人与自然、人与社会、人与自我之间的良性循环，以社会多元主体共创生态文明建设。

  首先，全息生态设计研究旨在协调自然生态、社会生态、精神生态三个层面的发展。一是自然生态设计，将人文关怀与自然生态保护进行有机融合，利用当今先进技术作为支撑用以减少能源消耗并提高资源利用率，从而帮助规划者及设计师更好地应对自然生态系统的复杂性；二是社会生态设计，以促进社会生态环境良性发展为出发点，对社会创新设计、生态设计管理、生态设计时尚、系统生态设计等方面进行了探索，以期为社会可持续发展及生态文明建设提供社会力量；三是精神生态设计，以协调人与自我之间关系为切入点，从精神疗愈设计、生态设计伦理、生态设计美学等层面，探析其对人类所产生积极健康的隐性精神影响。

其次，在秉承"和合"文化精髓基础上，从"全息"视角出发，引导人们从"开环设计"到"闭环设计"，从"集中式设计"到"分布式设计"，从"线性设计"到"系统设计"的生态设计思维转变。从源头（生态补偿意识）到传播（生态设计理念）再到受众（生态设计消费），引入可持续和低碳设计思维，用以平衡生态环境与人类行为之间的关系。

再次，在经济、社会、文化和环境可持续发展研究中总结了践行全息生态设计的多维实现路径。第一，社会可持续，旨在探讨如何搭建能够满足当前以及未来社会需求的生态设计系统，包括对服务设计、为人民设计的研究；第二，经济可持续，注重可持续经济、数字化经济、分布式经济对生态设计的影响，关注产品技术和服务、社会关系及环境因素，推动社会循环经济和可持续生活方式的发展；第三，文化可持续，强调了文化在推动可持续发展中的重要性，探析了视觉、传媒、信息设计的生态意识与文化可持续方法，发挥其在社会包容、经济增长和环境保护中的关键作用；第四，环境可持续，这一领域与生态环境可持续性紧密相连，重点关注如何通过设计实践降低对环境的负面影响，同时增强生态系统的健康和恢复力。提倡"环境正义"，并以"生态补偿"缓解人类"无限欲望"与地球"有限资源"之间的矛盾，为"无限"发展做"有限"的设计，用"碳抵消""碳补偿"的设计策略完善"生态补偿"机制，推动生态环境可持续发展。

最后，本书尝试建构了全息生态设计培育的社会机制。第一，普及全息生态设计教育，通过顶层设计、价值共创、生态链接、全民教育，用绿色低碳思维引导多元主体协同参与，以推动全民生态意识的普及；第二，完善全息生态设计教育评估机制，提升全社会的生态环境责任意识；第三，共同缔造全息生态设计教育创新模式，以传统生态理念赋能生态文明建设，将思辨设计方法融合跨学科培育，用元宇宙媒介构造全息生态设计教育新视界，引领文化生态融合下的学习范式转换，促进自然生态、社会生态、精神生态的良性循环发展，实现"三态和合"的全息生态系统。

目 录

前言

第一章　和合之元：生态问题也是文化问题　// 001

第一节　生态设计的"乌托邦梦想"　// 002
第二节　生态设计的再认识　// 005
　　一、自然生态与人文生态的设计思维同构　// 005
　　二、生态设计的时代流变　// 008
　　三、生态设计的挑战与机遇　// 011
　　四、生态设计的发展趋势　// 013
第三节　生态设计的思维转变　// 019
　　一、从"开环设计思维"到"闭环设计思维"　// 019
　　二、从"集中式设计思维"到"分布式设计思维"　// 020
　　三、从"线性设计思维"到"全息设计思维"　// 020
　　四、从"传统生态设计"到"当代生态生活方式设计"　// 021

第二章　自然生态：设计之基　// 025

第一节　狭义的生态设计　// 026
第二节　生态设计的技术　// 027
　　一、生态设计中的共性技术　// 027
　　二、生态设计中的前沿技术　// 033
　　三、其他相关新技术发展　// 036
第三节　生态设计的评估　// 038
　　一、生态设计评估闭环　// 038
　　二、不同行业评估维度　// 040

第四节　自然生态设计的目标　// 044
　　一、减少自然资源消耗　// 044
　　二、降低环境污染　// 044
　　三、延长产品生命周期　// 045
　　四、提高能源利用效率　// 045

第三章　社会生态：设计之善　// 047

第一节　社会生态与社会创新设计　// 048
第二节　"兼续型"生态设计管理　// 050
　　一、生态设计管理的传统智慧　// 050
　　二、现代生态设计管理模式　// 051
　　三、生态设计管理的未来趋向　// 053
第三节　"竞逐式"生态设计时尚　// 054
　　一、生态设计时尚的深层追问　// 054
　　二、"伪生态"设计时尚辨析　// 055
　　三、我国生态设计时尚如何实现　// 057
第四节　"全息式"系统生态设计　// 058
　　一、系统生态设计的延续与发展　// 058
　　二、系统生态设计思维及原则　// 060
　　三、系统生态设计实践　// 063

第四章　精神生态：设计之境　// 067

第一节　精神生态与疗愈设计　// 068
第二节　生态设计伦理　// 075
　　一、生态设计伦理：为生态设计提供价值导向　// 075
　　二、精神生态设计：为生态设计伦理提供实践范式　// 076
　　三、自然主义与人本主义的平衡　// 078
第三节　生态设计美学　// 081
　　一、近现代设计生态美　// 081
　　二、生态设计美学内涵　// 084
　　三、"美"不一定生态　// 087

第五章 多维生态设计路径   //   091

第一节   社会可持续与生态设计   //   092
　　一、服务设计中的生态理念   //   093
　　二、为人民的设计   //   095

第二节   经济可持续与生态设计   //   098
　　一、数字经济与生态文明   //   099
　　二、分布式经济与生态设计   //   102
　　三、可持续经济与产品设计   //   103

第三节   文化可持续与生态设计   //   105
　　一、文化可持续发展目标   //   105
　　二、文化与传媒设计中的生态意识   //   106
　　三、信息设计与文化可持续   //   107

第四节   环境可持续与生态设计   //   108
　　一、环境正义   //   108
　　二、生态补偿   //   109
　　三、环境设计与生态可持续   //   111

第六章   生态设计教育之道   //   113

第一节   追本溯源——生态设计教育发展与反思   //   114
　　一、生态设计教育的雏形   //   114
　　二、生态设计教育体系的确立   //   114
　　三、生态设计教育的快速发展   //   115

第二节   碳寻新生——生态设计教育何以时尚   //   117
　　一、国家层面的引导与推进——顶层设计   //   117
　　二、生态设计教育的宏观共识——价值共创   //   117
　　三、生态设计教育的中观激励——生态链接   //   118
　　四、生态设计教育的微观支撑——全民教育   //   118

第三节   反馈机制——生态设计教育评估   //   121
　　一、评估标准   //   121
　　二、评估内容   //   122

第四节　共同缔造——生态设计教育资源整合　// 123
　　一、优秀传统文化赋能生态设计教育　// 123
　　二、思辨设计方法融合跨学科培育研究　// 126
　　三、元宇宙媒介构建生态设计教育新视界　// 129
　　四、文化生态融合下的学习范式转换　// 132

余论　三态和合：全息生态设计　// 135

　　一、反思　// 136
　　二、观点　// 137
　　三、展望　// 139

参考文献　// 141

致　谢　// 145

第一章 和合之元：生态问题也是文化问题

自人类开始造物活动之时，便蕴含着宇宙万物和合"共生"的生态理念。

中国传统的"和合"生态思想强调天、地、人三才的有机整体性，主张扩大生态的范畴，是一种"全息式"视角应对生态问题的东方智慧。

西方有关世界的"创世说"承认上帝为唯一的绝对存在，大多强调"一元论"。而中国文化强调多种异质和合化生，例如"金、木、水、火、土""阴阳""和实生物"等，主张异质融突而和合。张立文教授创立了和合学理论体系，认为现代意义上的"和合"是指自然、社会、人际、心灵、文明等在冲突融合的动态变易过程中诸多形相、无形相和合为新结构方式、新事物、新生命的总和。[①] 菲利克斯·加塔利（Félix Guattari）认为，"世界资本主义一体化不仅在破坏自然环境、侵蚀社会关系，同时也在以一种更为隐秘和无形的方式对人类的态度、情感和心灵进行渗透"，强调了生态危机的联动性，提出了涵括自然生态（Environmental Ecology）、社会生态（Social Ecology）、精神生态（Mental Ecology）的"三重生态学"体系。鲁枢元教授在其著作《生态批评的空间》中也提出了"生态学三分法"，将生态学划分为三个相对独立的领域：自然生态学、社会生态学和精神生态学。既彰显了中国传统生生为易的思想，又对生态系统循环演替、生生不息的状态进行了恰当阐释。"三分法"并不是要把三者拆离开来，恰恰是要在地球生态圈的有机整体中，深入考察三者之间的相互依存关系。

人类是自然的一部分，与自然界的其他生物共同构成了地球的生态系统。生态问题不仅危及自然生态的平衡，还影响着社会生态与精神生态。生态问题也是文化问题，人类亟须生态理念来指导和调整自身的生活方式，人类的社会生态危机与精神生态危机也需要全新的生态设计理念去消解。

第一节　生态设计的"乌托邦梦想"

生态设计，也称绿色设计或生命周期设计。西姆·范德莱恩（Sim Van der Ryn）与斯图尔特·考恩（Stuart Cowan）在1996年出版的《生态设计》中对其

[①] 张立文. 尚和合的时代价值[J]. 浙江学刊，2015（5）：5-8，2.

给予了相当生动的描述:"现在想象自然世界和人工设计世界交织在一起,在交叉层面上,经线和纬线组成我们生活的织物,但这不是一种简单的双层织物,它是由无数性质大不相同的层面所组成的。"他们认为,设计领域中巧妙运用生态学原理,这些对环境的影响与破坏达到最小的设计形式都可称为生态设计[①]。荷兰策展人威廉·迈尔斯(William Miles)也持有同样的观点:生态设计在现今比历史上任何时期都关键,因为它与生物圈的结合是一种有责任感的方式,有助于生物圈的保护和增强。生态设计不是一种纯粹的科学概念,而是人类生活环境的一部分。但在不少人看来,它似乎是"乌托邦梦想"。

陶渊明笔下的《桃花源记》所描述的社会为最早的生态"乌托邦",它没有王权、王税和战争,是自给自足的自然经济状态下自成系统的地域生活、生态场景,寄托着人们对美好人生、理想社会的渴望,具有极为丰富的生态美学内涵。欧内斯特·卡伦巴赫在其《生态乌托邦:威廉·韦斯顿的笔记本与报告》(Ecotopia: The Notebooks and Reports of Wiliam Weston)中以虚构小说的形式生动地描述了我们现在经常挂在嘴边的"可持续"到底是什么样子,向人们展示了一种比较容易理解的新型生活方式,书中不仅提到了环保能源、住宅建筑和交通技术等自然生态,也探讨了生活方式、性别关系、教育等人文生态,深刻影响了 20 世纪 70 年代及其后的生态运动。社会生态学家和哲学家默里·布克金(Murray Bookchin)在《向着生态社会》(Toward an Ecological Society)一书中指出:"我们要么根据生态原则建立起生态乌托邦,我们要么将像一个物种一样灭亡"[②]。一种环境友好的、人与自然、社会、自我和谐共生的生态设计新思维应运而生。生态设计应是一种精神样态和教育理念,是实现人类社会"低物质损耗的高品位生活"的新思维范式。

在西方经济学中,资源稀缺性是相对于人的欲望无限性而言的,在人类欲望面前,自然资源总是不足的[③]。在资本的驱动下,现代商业的发展并不仅仅是为了满足民众的真实需要,还要勾起民众的无限欲望。现代商业依托广告作为主要手段,通过大量投资推广新奇概念和时尚观念,将产品与文化、科技等价值联系起来,引起消费者的共鸣,从而创造一种标榜健康或者身份的需求。在大数据社会背景下,不同智能设备的应用程序收集了大量的个人信息,并且通过精准广告推送不断刺激消费者的消费欲望。这种商业模式不仅仅是简单的产品销售,而是通过精准营销和广告灌输,将消费作为人们自我认同和生活意义

---

① VANDER RYN S, STUART C. Ecological Design[M]. Washington D.C.: Island Press, 1996: 33.
② BOOKCHIN M. Toward an Ecological Society[M]. Montreal: Black Rose Books, 1980: 71.
③ 陈惠雄. 对"稀缺性"的重新诠释[J]. 浙江学刊, 1999(3): 42-46.

的一部分。通过对大众文化的渗透,使得人们倾向于用物质享受来填补对自由时间、生命意义和自我发展的空缺。当下流行的"直播带货"便是这一问题的现实反映,冲动消费所导致的退货率激增,浪费了社会大量的人力资源。这种趋利性的商业模式并非仅限于满足合理需求,而是通过操纵消费者的情感和欲望不断扩大市场规模,导致了消费的非理性增长,使人们在追求物质享受的过程中,逐渐失去了对真实需求的敏感性和理性判断能力。随着消费的持续增长,地球资源的消耗速度大大超过了其再生能力。片面追求无节制的物质享受和消遣,消费成为炫耀生命存在之象征[①],导致环境恶化,生态系统崩溃的风险日益加剧。物质消费不仅加速了资源枯竭,还产生了大量的废弃物和环境污染,加剧了全球气候变化和生物多样性丧失的危机。

20世纪60年代,美国设计理论家维克多·帕帕奈克(Victor Papanek)在《为真实的世界设计》(*Design for the Real World*)一书中强调,设计应该认真考虑地球有限资源的使用问题,为人类的真实需求而服务,这与生态设计所强调的可持续性不谋而合。蕾切尔·路易丝·卡森(Rachel Louise Carson)所著的《寂静的春天》(*Silent Spring*)将关注焦点由生产力与生活品质的无上追求转移到关注人与自然的关系,向人类揭示了面临生存危机的可能性,推动了人类生态意识的觉醒。大批社会科学家如德国的马丁·杰内克(Martin Janicke)、约瑟夫·胡伯(Joseph Huber),荷兰的格特·斯帕加伦(Gert Spaargaren),英国的约瑟夫·墨菲(Josep Murphy)、阿尔伯特·威尔(Albert Weale)、马藤·哈杰尔(Maarten Hajer)和阿瑟·摩尔(Arthur Mol)等均先后提出将生态理论作为解决环境危机的切入点,以市场调节为手段对环境问题进行积极预防和处理。

消费可以成为时尚,时尚也可以用来进行日常消费,生态也可以成为时尚文化,为地球的生态平衡作出贡献。当下我国的"双碳"战略为实现全球生态梦想提供了指导方针。众所周知,哲学层次上的矛盾是无法被消除的,只能加以平衡,"碳中和"战略的含义也正是如此,"中和"即正负相抵,一般指国家、企业、个人或产品通过植树造林等节能减排方式,将自身产生的二氧化碳排放量实现正负抵消,达到相对"零排放"。

基于"和合"的生态设计作为一种全面的策略,跨越了城市规划、环境设计、产品设计、视觉与传媒设计、信息设计、社会设计、疗愈设计等原有多个专业领域,旨在协同提升生态可持续性,使生态"乌托邦梦想"不再遥不可及。

---

① 魏丽香.对休闲体育兴起的一点思考[J].广州体育学院学报,2004,24(6):9-11.

第二节　生态设计的再认识

生态设计，作为一种平衡人与自然、人与社会、人与自我之间生态关系的重要途径，其核心在于自然生态与人文生态之间的相互建构和相互渗透。

中国传统的"和合"生态思想使设计载体呈现"天地人合一"的协调状态，是自然生态和人文生态平衡的高度统一，也是人类设计造物的理想境界。将"三态和合"的"全息"生态设计内涵融入设计过程，实现自然生态与人文生态的设计思维同构，促使我们重新审视人与自然的关系，对于生态设计思维的发展与转向具有重要意义。不同的时代和地区对于生态设计的理解存在差异，相应的领域在解读生态设计理念时的焦点也有很大的不同，因此，对生态设计进行系统再认识是非常必要的。

一、自然生态与人文生态的设计思维同构

马克思在《1844年经济学哲学手稿》中提出："人的感知、感知的人性，都只是由于其对象的存在，或是人化的自然世界，才产生的。"强调了实践在人类认识和感知中的作用，以及人与自然和谐相处的重要性。人类进入21世纪，由于人与自然的冲突造成了生态危机。而在生态设计领域，自然生态与人文生态之间错综复杂且深入的联系受到了广泛关注。狭义的生态设计是指自然生态设计；广义的生态设计既包括自然生态，也包括社会生态与精神生态等人文生态设计。生态设计不只是一种简单的设计技巧或方法，它更深层次地代表了一种核心理念，即强调人的活动与自然环境之间的和谐关系。在生态设计中，我们不仅要尊重自然生态的基石地位，确保人类活动不破坏其平衡，还要巧妙地融合人文生态的元素，将自然生态与人文生态协调并重发展，尊重自然规律的同时注重人文精神，创造既符合自然规律又富含人文生态的和谐世界。

约瑟夫·多兹（Joseph Dodds）认为，时下的生态危机缘于人类思维方式的重大失败。当提及生态设计，大多数人脑海中所呈现的更多是物质层面的环境污染与过度浪费所引发的能源短缺问题。然而，自然生态设计仅是可持续发展的必要内容，若缺乏对人文生态的关注将无法从根本上消解自然生态问题。例如，现代硬质驳岸曾因其整洁美观的功能特质而备受青睐，利用混凝土、石材等硬质材料人工构筑的河岸或湖岸，旨在防洪、便于管理与维护。

然而，随着生态环境保护意识的日益提升，它不仅引发了一系列的自然生态问题，还导致了人文生态的缺失。其硬化处理的高大岸墙无形中拉远了人与水体的亲近距离，水体的自然曲线与边缘被刚硬的线条所替代，严重影响了人们的亲水体验。此外，河道渠化拉直和加速水流的做法，导致下游水域沉积和淤塞问题日益严重，固化的岸线还改变了河岸的生态结构，使得原有的湿地植物和水生植无法在硬质结构上生长，对两栖动物、水生生物及鸟类等的生存也构成了直接威胁，进而引发了本土植物退化、生物多样性丧失等一系列生态问题。现代硬质驳岸设计所使用的胶泥、片石和土工膜等材料，虽能有效防止渗透，但也剥夺了土壤自然水分调节的能力，损害了生态系统的自我净化功能。这种仅追求景观效果而忽视地域文化的非生态建造方式终将难以为继。

自然生态问题往往是人文生态失衡引发的。自然生态为人类的文化生态提供了必要的物质支撑，包括水、空气、土地和生物等多种自然资源，这些都是人类社会持续生存的基础。与此同时，人文生态的状况也会对自然生态造成直接而显著的影响。企业为了满足人类的虚荣心对商品进行过度包装，造成了资源浪费。城市为了解决"城市病"将工业垃圾和生活垃圾向农村转移，严重影响了乡村经济的发展和人居环境的改善。这些生态失衡的行为意味着自然生态与人文生态的相互关系是错综复杂的，并伴随着众多的挑战。在全球环境变迁的压力下，尊重自然生态与人文生态的共生关系，并在两者之间不断寻求平衡点，对于生态设计研究具有至关重要的意义。

约翰·莱尔从生态学角度出发，提出"人文生态系统设计"理念，主张让自然做功、向自然学习、以自然为背景、整合人文生态设计方法，将自然生态与人文生态有机融合作为生态设计的核心。自然生态环境的演化、文化的变迁与人类社会的发展一直在促使着自然生态向人文生态演进[①]。历代累积下来的人文生态传统，比如哲学、文学艺术、宗教信仰等，将对当下的消费主义及由其造成的全球文化趋同发挥制衡作用，成为缓解当下文化生态危机的精神力量。对人文生态的关注是生态设计更高层次的要求，生态设计不仅要维持自然生态的基石地位，还要兼顾人文生态的良性发展，尊重民族、地域文化特性，实现不同社会群体对于"和美生活"的向往与追求。

清溪川运河修复工程位于韩国首尔市中央商务区，全长 11263 米，是首尔市政府治理横穿城市污染河道的一项重大工程，也是自然生态与人文生态设计

---

① 李利. 自然的人化[D]. 北京：北京林业大学，2011：37-38.

成功结合的典型案例。清溪川是 600 多年前朝鲜王朝为疏通由首尔周围山上流下并汇集在市区内的积水而下令挖掘的疏水内河。近年来，随着周边居住人口的增多，生活废水和工业污水不断排入，引发了清溪川沿岸生态环境的退化。尤其是枯水期的清溪川，由于缺水造成河道污染，沿河两岸疾病肆虐，成了垃圾、污水汇集之处，生活环境十分恶劣。因此，首尔市政府实施了清溪川内河及周边环境的生态恢复工程，给市民提供一个自然生态与人文生态兼具的城市中央聚会场所。其生态修复设计分为四个重点步骤：

一是沿河生态系统修复。打造"绿色走廊"，对原来流入清溪川的生活污水进行隔离处理，同时建立雨水收集、污水净化系统。并基于水质净化基础设施，按其所能承载雨季洪涝的最高要求进行设计，有效改善河流水质、增加流域生物物种的多样性。二是地方特色桥梁重建。在清溪川上的桥梁重建工程中恢复了广通古桥，又新建了五间水桥、长通桥、永渡桥等 13 座桥梁。在新的现代化桥梁设计中，每座桥的造型各异，有悬索桥、拱桥和弧形桥面等，将清溪川特色桥梁建造为城市文化与艺术相融的公共交流空间，成为地方标志性建筑。在桥与桥之间采用跌水的设计以缓和高差，增强了市民的亲水性，并使用产自韩国 9 个道以及运河 9 个源头的石材作为造景材料，突出了地域文化特征。三是人文历史遗迹复原。重点勘察历史遗物存留或堆积的区域，如正祖大王陵行班次图、高架桥墩、律动壁泉与隧道喷泉、希望墙、洗衣场等，尽量对场地固有构筑物进行保留，不破坏、损毁遗迹；四是自然与人文景观相融合。河流两边的护堤是景观设计的重点，较为缓和的堤岸坡度有利于堤岸空间的利用，堤岸上设计并布置了步行道、基础设施、休憩空间、墙面的壁画以及一些地标设计，丰富了公园的层次性和功能性。同时，还强调生态系统的保护和恢复，为鱼类、鸟类等动物提供栖息空间和食物源。运河的设计随着季节和水位的变化而变化，石雕的沉浮、涨落为河道增添了生趣。清溪川运河修复工程是首尔打造"生态城市"的重要内容，在塑造城市地标景观和发挥自然生态效益的同时，保留了场地历史记忆，唤起人们对本土文化的传承和憧憬。通过对生态污染区域的修复、特色地域空间的再设计、人文历史遗迹的保留以及景观的生态化打造，将自然生态与人文生态设计深度结合，为整个首尔地区创建了生态公共空间。

自然生态与人文生态的设计思维同构不仅注重对自然生物多样性的尊重与保护，还强调自然与人文环境间的和谐共生，为社会可持续发展提供了崭新的视角和实践路径，是促使环境可持续发展的生态智慧。

二、生态设计的时代流变

手工业时代的生态设计展示了人与自然和谐共存的智慧，工业化时代的生态设计强调在大规模生产中减少对环境的影响，而数字化时代的生态设计侧重于利用信息化手段实现资源的高效利用，体现了人类对于生态和环境保护意识的逐渐深化和技术应用的创新。

1. 手工业时代的生态设计

中国传统造物活动中虽没有直接提出"生态设计"一词，但在造物思想中蕴含了万物和谐共生的生态设计观念。儒家的"天人合一"思想追求人与万物同源创生，是生态"治世"之观；道家的"道法自然""物无贵贱"学说认为，自然的自主进化产生了世间万物，并让万物平等且和谐有序，是生态"治身"之观；释家的"极乐净土"表达了一种美满的人生理想，是生态"治心"之观。

春秋战国时期的《考工记》记载："郑之刀，宋之斤，鲁之削，吴粤之剑，迁乎其地而弗能为良，地气然也。"即顺应自然环境进行器物的加工是传统造物的关键要素。庄子认为："天地与我并生，而万物与我为一"①。这种天人合一的观点与朱熹所提出的"盖天地万物本吾一体，吾之心正则天地之心亦正矣，吾之气顺则天地之气亦顺矣"②相类似。计成在《园冶》一书中指出，废瓦片也有行时，当湖石削铺，波纹汹涌；破方砖可留大用，绕梅花磨斗，冰裂纷纭。无论是造园还是房屋建设中产生的废瓦片与破方砖，都可以被策略性地保留用于新的建筑和园林营造中。这种做法不仅减少了废弃物的产生，促进了资源的循环使用，还体现了对自然和环境的敬畏，展现了古人与自然和谐共生的设计理念。文震亨在《长物志·位置·敞室》中有这样一段描述："长夏宜敞室，尽去窗槛，前梧后竹，不见日色，列木几极长大者于正中，两旁置长榻无屏者各……北窗设湘竹，置簟于上，可以高卧"③。通过巧妙地在建筑物的南侧或北侧种植特定的树种，可以有效遮挡太阳的直接热辐射，不仅自然地调节了室内的温湿度，保持了环境舒适度，也降低了对能源的依赖和消耗，以生态智慧创造出既环保又人性化的居住空间。宋应星在《天工开物·乃服·取茧》中对废弃物的转化利用作了阐述，"其壳外浮丝，一名丝匡者，湖郡老妇贱价买去，用铜钱坠打成线，织成湖绸"，通过收集这些废弃浮丝，经过精心地加工，使

---

① 庄周.庄子[M].孙通海，译.北京：中华书局，2007.
② 朱熹.四书章句集注[M].北京：中华书局，2012.
③ 文震亨.长物志[M].北京：商务印书馆，1966.

其变成了价值不菲的湖绸，体现了资源的再利用，不仅提升了物质的价值，也传递了生态理念，即在自然界中没有真正的"废物"，只要有适宜的技术和智慧，每一样物质都可以被重新赋予生命且被有效利用。李渔在《闲情偶寄》中指出"寓节俭于制度之中，黜奢靡于绳墨之外"①，体现了最大限度利用资源的生态管理智慧，它不仅是关于资源如何使用的策略，更是一种全面的生活哲学，强调在满足日常需求的同时，不损害未来世代利益。

手工业时期的生态造物观通过顺应自然环境、天人合一的设计理念以及资源再利用的策略，展现了人与自然和谐共生的智慧，不仅提高了设计的功能性和美观性，还推动了生态环境可持续发展，彰显了古人对生态的深刻理解。

2. 工业化时代的生态设计

生态设计（Ecological Design）的概念起源于20世纪中叶，美国建筑家理查德·巴克敏斯特·富勒（Richard Buckminster Fuller）于1969年在其专著《设计革命：地球号太空船操作手册》中探讨地球有限资源与人类生存的关系时，提出自然资源只够满足一小部分人的奢华生活，主张通过设计革命消灭华而不实的设计。富勒所有的设计都贯彻着"低碳"理念，强调"用较少的资源办更多的事"；生态设计之父伊恩·伦诺克斯·麦克哈格（Ian Lennox McHarg），在1969年出版了《设计结合自然》，强调扩展传统"规则"与"设计"的研究范围，用生态学的观点，从宏观角度研究自然、环境和人的关系，阐述了人与自然环境之间密不可分的依赖关系；大卫·W.奥尔在《大地在心：教育、环境、人类前景》中提到，用自然界更宏观的生态结构和流动规律来认真梳理人类的意愿，为人类的发展目标提供信息；美国著名设计理论家维克多·帕帕奈克在1970年出版的《为真实的世界设计》中强调设计应该认真考虑有限的地球资源的使用，为保护地球环境服务；1989年建筑师戴维·皮尔森的著作《自然住宅手册》明确了为星球和谐而设计、为和平精神而设计、为身体健康而设计的原则；1991年威廉·麦克唐钠（美国）与迈克尔·布朗嘉特（德国）在《从摇篮到摇篮》一书中指出：设计应尊重物质和精神之间的关系，摒弃"废弃物"之概念，依靠自然的力量；1995年维克多·帕帕奈克的《绿色律令：设计与建筑中的生态学和伦理学》强调，设计不应局限于探讨如何减少人类活动对环境的负面影响，而应扩展其视野，与社会公平、第三世界的发展以及确保全人类生存的可持续性相联系。

工业化带来了巨大的经济发展，同时也引发了严重的环境问题，如资源过

---

① 李渔.闲情偶寄[M].江巨荣，卢寿荣，校注.上海：上海古籍出版社，2000.

度消耗、环境污染和人文生态破坏。生态设计力求在整个生命周期内将其对环境的负面影响降至最小化。

3. 数字时代的生态设计

数字时代为生态设计开辟了新的路径，提供了前所未有的机会，同时也带来了新的挑战。在这个时代，信息技术和数字工具不仅改变了我们设计、制造和使用产品与服务的方式，还为可持续性提供了新的视角和解决方案。在数字时代，"整体"要素作为生态链设计的一个标准，在任何行为、创意、策划展开之初均被严格执行。[①] 数字时代的生态设计的实现途径主要有以下几个方面：

第一，数据驱动的设计决策。生态设计可以利用大数据和高级分析工具来优化设计决策，确保资源的有效利用和最小化的环境影响。数据分析可以帮助设计师了解材料的来源、使用和终端处理的整个生命周期，从而制定更加环保和可持续的设计策略。第二，智能和自动化技术。通过智能算法优化建筑的能耗，自动化技术在制造过程中减少资源浪费，此外，智能家居系统可以根据实际需要调节能源使用，减少不必要的消耗。第三，虚拟化和数字化模拟。使用虚拟现实（VR）和数字化模拟技术来预测和模拟设计方案的环境影响。这种方法可以在实际制造和建造之前，识别潜在的问题，减少实物原型的需要，从而节约资源并减少废弃物。第四，循环经济和数字平台。数字时代促进了循环经济模型的发展，数字平台如在线共享平台、二手市场和平台即服务（Platform-as-a-Service，PaaS）模式，都是推动资源高效利用和循环利用的典范。这些平台通过延长产品寿命、促进资源共享和回收再利用，有助于实现可持续的消费模式和生产过程。

虽然数字化为生态设计带来了大量的机会，但也伴随着诸多生态挑战，例如在数字化进程中的能源使用、电子垃圾处理，以及数据的安全性和隐私的维护等问题。因此，在追求数字化技术带来便捷性和高效性的同时，也应密切关注这些新兴技术可能对环境和社会产生的影响，以确保科技进步与环境保护和社会福利能够和谐发展。生态设计的数字化转向体现了人们对于环境保护更为深入的理解，从最开始的资源节约和减少污染，到目前的全面可持续发展策略，生态设计正逐渐成为设计界和社会进步的核心组成部分。值得注意的是，尽管目前已经进入信息时代，但工业化时期所遗留的问题依然存在，并且数字时代又引发了一系列新的生态挑战。因此，深化对"全息"生态设计的研究已

[①] 田园，刘卓. 大数据视阈下民族文化品牌的生态链设计研究 [J]. 贵州民族研究，2023，44（3）：162-168.

成为当代社会进步的迫切诉求。

三、生态设计的挑战与机遇

生态设计的发展不仅是技术创新的展示，也是对当前设计市场选择、设计政策制定，以及社会行为模式的深刻反思和调整。

第一，"洗绿"现象。"洗绿"一词是由"绿色（Green）"和"洗白（Whitewash）"结合而成的词汇，它由环保主义者杰伊·威斯特维尔德所提出。其具体表现为明面上积极兜售环保计划或环保产品，其核心业务却是对生态构成持续的破坏。生态和可持续性已成为全球关注的重点，也逐渐变成了一种流行趋势和市场需求。面对这一趋势不少企业和个人为了迎合市场和消费者的偏好，开始推出标榜为"生态"的产品和服务。然而在这一过程中，资本的趋利本性有时会带来挑战，即仅使用"生态"作为营销手段。这些产品或服务在生产和操作过程中可能并没有真正降低对环境的负面影响，这不仅会对消费者产生误导，还可能为那些真正执行可持续发展战略的公司创造一个不良的竞争环境。

第二，"自然生态"与"人文生态"的冲突。"自然生态系统"与"人文生态系统"之间的矛盾往往反映在传统的文化习俗与当代生态理念的冲突之中。比如，在中国的传统节日中，春节期间燃放鞭炮是一种庆祝的行为活动，但鞭炮释放的硫和重金属微粒有可能在大气中悬浮很长时间，导致严重的空气污染和噪声污染等问题。再如，部分地区在传统祭祀活动中破坏生态现象严重，如我国清明节和中元节等传统节日焚烧冥币的习俗普遍存在，每逢节日都会焚烧大量香火和纸钱，产生了烟尘和废弃物。尽管这些活动在文化和情感上都具有不可忽视的价值，但在燃烧的过程中所释放出的一氧化碳和二氧化硫等，却对生态环境产生了不良影响。

第三，固有认知的错位。不同人群的成功观与价值观，影响生态设计的实现。公众和决策者因对生态设计的认识不足可能阻碍其应用，对于大众将成功视为拥有大量物质财富和高消费能力的观念，可能导致对环境不友好产品的偏好，如选择大排量汽车、豪华住宅等高能耗产品来获取虚荣心的满足。这种消费模式与生态设计的核心理念，即高效利用资源和减少环境影响相悖。

第四，贫富不均问题。这在很大程度上制约了生态设计的普及和执行。经济上的贫富不均不仅妨碍了低收入人群获得环保产品和技术的机会，同时教育和信息获取上的不均也削弱了社会对可持续发展价值的理解和投资意愿。受教育程度较高的社群往往对环境问题及其长期后果有更深入的了解，并更偏向于采纳可持续的生活模式。在资源稀缺的区域，由于教育资源的不足，当地居民可能未能充分认识到生态设计所带来的益处，或者即使他们意识到这一点也难以付诸实践。在经济较为发达的地区，政府可能会提供更多的政策支持和资金来推进绿色项目，而在经济较为落后的地区，这方面可能会被忽略。这样的不均衡不只妨碍了生态设计的广泛应用，同时也加重了环境的不平等，并进一步放大了社会生态危机。

第五，"一次性"挑战与成本问题。一次性产品的设计在某些方面确实为人们提供了便利，但同时也带来了严重的环境问题。以一次性筷子和纸杯为例，它们在使用方便的同时导致了森林资源的过度消耗和环境被破坏。塑料袋的设计虽然方便了人们的生活，但塑料制品的使用却对环境造成了巨大的压力。塑料袋难以降解，长时间存在于自然环境中，对土壤、水体和野生动植物均会构成威胁。环保袋的设计往往需要采用更高标准的材料、技术和工艺，这可能会导致初期成本较高。对于许多企业和个人而言，成本上的增加可能是他们犹豫使用生态产品的主要原因。

第六，共同承诺与发展机遇。虽然生态设计的发展面临诸多挑战，但有关生态设计的国际协议和环境政策反映了全球社会对环境保护和可持续发展的共同承诺，给生态设计带来了良好的发展机遇。《联合国人类环境会议宣言》（United Nations Declaration of the Human Environment）是在1972年联合国人类环境会议上通过的一份历史性文件，这次会议也被称为斯德哥尔摩会议。它是首个全球性的环境保护政策文件，标志着国际社会开始共同关注和努力解决环境问题。虽然不是直接关于生态设计的宣言，但其提出的观点和原则对生态设计领域产生了深远的影响。它为生态设计提供了一个全球性的框架，强调设计在促进环境保护和可持续发展中的关键作用。

在温室气体排放方面，1992年6月在巴西签署了《联合国气候变化框架公约》，而1997年的《京都议定书》（Kyoto Protocol）成为首个对温室气体排放进行量化限制的国际条约。2015年签订的《巴黎协定》（Paris Agreement）是针对气候变化的全球性协议，其核心目标是将全球的温度上升控制在1.5℃以内。在生物多样性发展方面，1992年《生物多样性公约》（Convention on Biological Diversity，CBD），其目标是维护生物的多样性，并公正地共享利用其遗传资源带来的益处。《联合国海洋法公约》（United Nations Convention on the Law of Sea，UNCLOS）为保护和管理全球海洋资源、生物多样性和生态系统提供了法律框架，被国际社会广泛认为是"海洋宪章"，是一个旨在规范各个国家在海洋空间使用权和海洋资源管理方面权利和义务的国际条约。在生态环境污染方面，1969年通过的美国《国家环境政策法》（National Envionmental Policy Act，NAPA），要求美国政府在决策过程中考虑环境影响，并要求进行同步环境评估。1971年通过的日本环境基本法将环境权确立为公民的基本权利之一，并规定了环境保护的基本政策和措施。1979年《控制长距离越境大气污染公约》（Convention on Long-range Transboundary Air Pollution）由联合国欧洲经济委员会（UNECE）制定，此措施的目标是确保人类环境不会受到大气污染的影响，并努力限制、逐步减少以及预防大气污染和长距离的跨境大气污染。1989年《巴塞尔公约》（Basel Convention）旨在控制跨境转移危险废料及其处置，用以保护人类健康和环境免受有害废弃物的影响。它鼓励采用生态设计减少废弃物生成，特别是在电子和电气设备制造中。在设计法规方面，2022年3月30日，欧盟委员会（EC）通过了《可持续产品生态设计法规》（Eco-design for Sustainable Products Regulation，ESPR）的提案[COM（2022）142最终版]，兑现了《欧洲绿色协议》[COM（2019）640最终版]和《循环经济行动计划》[COM（2020）98最终版]中的承诺，使欧盟监管框架着眼于可持续的未来，并确保越来越多的可持续产品被投放到欧盟市场[①]。

以上相关公约和政策展示了全球共同致力于解决环境问题的坚定决心。自2012年以来，中国政府提出了生态文明建设的理念，并在国家发展战略中将其作为重要目标。通过加强环境保护、资源节约和生态修复等措施，实现可持续发展。自党的十八大报告首次提出全面建设美丽中国以来，中国生态文明建设和绿色转型发展的趋势越加强烈[②]。为生态设计发展创造了积极的时代机遇。

四、生态设计的发展趋势

1. 生态思维引导设计范式转变

过激的"人本主义"观念呈现出浓厚的人类中心主义思想，将人当作价值衡量尺度的唯一载体，影响了一代代人的思想和行为，形成了单一的思维定式和思想意识，导致当下面临许多生态问题。

新生态思维应站在"全息"视角，将生态环境视为有序运转的整体，把人类看作其有机的构成部分，是以人与自然、人与社会、人与自我协同发展为价

---

① 林依婷，MODINT，汪芸. 荷兰纺织业的转型：生态设计与循环设计的兴起（一）[J]. 装饰，2023（10）：44-59.

② 张文忠，余建辉. 我国生态文明建设地理图景设计研究[J]. 中国科学院院刊，2023，38（12）：1977-1986.

值取向的当代生态思维方式。生态思维将引导设计范式的转变，通过"人类中心主义"与"自然中心主义"之间的平衡达到人文生态与自然生态的共生，将自然生态、社会生态、精神生态"三态和合"，以实现"全息"生态设计。

生态思维对传统的设计范式提出了挑战，推动设计者在创作过程中更多地考虑生态影响和社会责任。设计中的"人类中心主义"主要体现在 20 世纪初至 20 世纪中叶，这一时期的设计哲学极度强调人的需求和欲望。以工业革命后的现代主义为代表，设计师们追求功能主义和形式随功能的理念，例如包豪斯（Bauhaus）学派的设计哲学就是在这一理念下孕育而生的。这一时期的设计以人的使用为中心，强调产品的实用性、效率和简约美学，试图通过标准化生产满足大众消费的需求。随着 20 世纪末环境问题日渐凸显，"自然中心主义"的设计思潮开始浮现。与早期的工业文明相比，这种设计观念经历了从征服自然到适应自然，从功能导向到有机共生的转变。在这个阶段，生态设计开始得到推广，设计不再满足单一地服务于人的需求，而是开始考虑产品生命周期中的环境影响。

进入 21 世纪，国家与社会的发展更加注重生态文明建设。这一阶段的设计开始重新审视人与自然的关系，设计不仅仅是解决单一的环境问题，还要寻求一种更加全面的平衡——设计的主体由人转向多物种间的"关系"[①]。首先，在设计过程中强调整体思维是生态设计的根本[②]，要深入理解生态设计，必须采用"全息式"思维，系统考虑其在环境、经济和社会方面的影响。其次，生态设计的实现必须重视其伦理秩序，以保证"知""行"一致[③]，运用伦理观念调和"人类中心主义"与"自然中心主义"之间的矛盾。最后，生态设计还需要结合生态美学，将审美与生态偏好相衔接，实现美学的生态转型[④]。总之，我们可以通过生态思维引领设计范式在"为人类"和"为自然"之间取得一种平衡。

例如在城市设计领域，"双碳"目标成为城市规划设计的重要基准点，以城区尺度为研究对象，构建碳排放与规划设计之间的逻辑关联。诸如"零碳交通""零碳社区""零碳建筑"以及"零碳能源"等，旨在构建城市功能的各类生态化理念，并已悄然融入我们的日常生活。如 2022 年深圳盐田大梅沙打造的"零碳社区"项目，促进了城市绿色低碳发展在社区建造、运营的各个阶

---

① 景斯阳. 生态设计与策展的当代转向——"生态远见计划—生"之策展研究 [J]. 美术研究，2024（2）：110–114.
② 宋晔皓，陈晓娟，解丹，等. 整体思维的可持续设计——海南生态智慧新城数字市政厅设计 [J]. 建筑学报，2022（5）：52–56.
③ 周博. 民胞物与：生态设计与差序伦理 [J]. 美术观察，2022，（1）：18–19.
④ 李建华，焦裴背. 橡树湾别墅项目规划：生态美学在建筑设计中的表达 [J]. 建筑学报，2021（11）：125.

段,以期实现社区内二氧化碳净排放量小于或者等于零;以及在深圳市"零碳公园"的开发中,地形几乎"零"改动,建设材料基本实现就地取材,采用140多项低碳专利技术,如绿色能源、雨水回收等设计,为城市吸收碳排放3675吨,真正实现低碳,甚至负碳。在环境设计领域,如北京麦当劳首钢园得来速餐厅,从生态环境设计、生态包装设计、生态回收方式等为消费者提供了全方位的生态化体验。引导消费者提升节能减排意识,鼓励绿色低碳的生活方式,成为"零碳餐厅"。再如,基于"亲自然设计三原则"的新加坡裕廊生态花园,它在满足青少年自然环境需求的基础上注重"真实性",即通过手工、参与体验的方式加深对于自然的理解;同时强化"科学性",即利用南洋理工大学的优势,将裕廊生态花园作为科学实验的场所。通过真实性和科学性的亲自然体验设计理念的嵌入,培养了青少年的动手能力、探源能力、领导能力和团队合作能力[1]。在服装设计领域,如基于染麻皮、间色绩麻、变经为丝等,对有"国纺源头,万年衣祖"的夏布进行改良,设计出更加柔软亲肤、色彩纹样肌理更加丰富的丝麻色织夏布新样式,优化了传统窄幅面料的裁剪方式,提高了设计效率,实现了材料的零浪费。完成从过去到现在的进化,融入了现代人的时尚生活,与当下的生存环境和谐共生[2]。

生态思维引导设计范式转变是一个循序渐进的过程。尽管部分设计师正在采取创新措施实现生态设计,但受限于环境、经济、技术、政策及文化等多重因素,多数行业仍难以全面接纳或有效实施生态设计实践。因此,政府、企业及教育者需共同努力,推动生态设计的普及与发展。

2. 生态设计重塑现代生活方式

随着社会经济的飞速进步,大众的物质生活品质有了明显的提高,同时生活方式也发生了转变。当今环境保护工作已成为我国政府关注的重要议题之一。目前的经济增长方式正从对环境资源的依赖转向对环境友好的经济模式的转变,人们逐渐意识到经济增长与自然环境和谐共生的必要性。

首先,生态设计是引领大众现代生活方式的伦理诉求。俞孔坚教授指出,生态设计不是一种奢侈,而是必需;生态设计是一个过程,而不是产品;生态设计更是一种伦理,生态设计应该是经济的,也必须是美的[3]。这种伦理观要求设计师在设计中权衡经济效益与生态效益,追求一种平衡和谐的发展模式。生

---

[1] 徐慧博,吴松涛,苏万庆.城市公园如何帮助青少年建立与自然真实和科学的互动——以新加坡裕廊生态花园亲自然体验式设计为例[J].装饰,2023(3):83-88.
[2] 王悦,王启迪,高平.生态文明价值导向下的丝麻色织夏布创新设计探究[J].装饰,2023(2):119-123.
[3] 俞孔坚.绿色景观:景观的生态化设计[J].建设科技,2006(7):28-31.

态设计是社会公平、正义的体现，是生态环境的伦理诉求，也是人居环境与自然和谐发展的根本途径[①]。

其次，生态设计为大众提供了可信的消费环境。例如，通过区块链技术在材料检验、合规审计、生命周期设计、碳排放和回收利用五个方面解决生态设计过程中透明度可追溯性的问题，能够有效增加消费者的信任，扩大绿色产品的市场，为实现可持续发展迈出关键的第一步[②]。

再者，生态设计需深入探讨"自然环境与文化属性"之间的紧密联系，创造出既能支撑生命多样性、保持生态平衡，又能承载人类文化多元性的生态环境。自然生态为生态设计提供了宝贵的物质基础，人文生态为生态设计提供了必要的精神内涵。设计师致力于确保创作，不仅在自然生态层面上是可持续的，同时也能满足社会需求、尊崇文化价值，并推动社会的全面参与和社会福利的提升。如在设计公共空间时，需考虑地域的独特性诉求，提高人们对环境的归属感和责任感，有助于文化遗产的保护和传承。2015年"厕所革命"之后国内大部分地区厕所条件得到改善，西藏地区也建设了大量的公共厕所，但由于文化与信仰的不同，藏族居民对洁净观念的认知有别于现代医学观念下的"卫生"[③]。因此，西藏地区的公共厕所设计不仅要关注建筑风貌、空间布局、标识导视，更要关注用户在使用厕所与管理厕所等一系列"事"的综合诉求[④]。通过生态设计引导当地居民改变固有思维，实现现代生活方式的转变。

最后，先进的物联网（Internet of Things，IOT）智能监测技术以及自动决策与控制等技术实现了空间的智能化、自动化[⑤]，这在一定程度上改变了使用者传统的生活方式。例如，水电的自动抄表系统让人们利用手机实现线上缴费、查询，改变了传统的人工抄表、缴费等繁杂的日常生活模式。同时，智能电网系统能够根据当前的能源消耗状况调整电力的分配，从而降低能源的浪费，智能水管理系统可以实时监测和调节用水量，促进水资源的节约。随着高新技术的发展，生态设计将不断加深融入人们的日常生活，在改善生活品质的同时也将保护生态转化为生活常态，重塑人类生态思维与生活方式。

[①] 朱力，张楠. 城市环境设计伦理的维度研究 [J]. 求索，2016（4）：17–21.
[②] 李婧婧. 利用区块链提高产品生态设计的透明度和可追溯性 [J]. 科技管理研究，2022，42（19）：181–191.
[③] 刘志扬. 从洁净到卫生：藏族农民洁净观念的嬗变 [J]. 广西民族学院学报（哲学社会科学版），2006，28（4）：56–61.
[④] 刘新，朱琳，夏南. 构建健康的公共卫生文化——生态型公共厕所系统创新设计研究 [J]. 装饰，2016，（3）：26–29.
[⑤] 圣倩倩，陈婕，祝遵凌. 生态效益视角下智能化植物绿墙系统设计路径 [J]. 装饰，2022（7）：130–132.

3. 生态设计教育应面向全体民众

生态设计教育注重引导人们直面环境问题，认识可持续发展，促进人们形成可持续发展的生活方式和价值观念[①]。可提高民众的生态意识，激发民众的内在动力，使其自发地重视和投入生态保护中。而基于生态设计教育的政策，则可以为民众生态行为提供外驱力，从内外两个维度帮助民众树立共同的价值观念，助推生态设计发展。

我国的生态教育始于 20 世纪 80 年代，经历了起步、发展和深化三个阶段[②]，但由于生态教育发展早期受到社会整体发展水平的制约与影响，其教育群体主要面对政府官员、企业高管以及高校相关专业学生，普及范围较小。2004 年张绮曼教授就提出了践行绿色生态的创新设计教育。随着 2020 年"双碳"目标的提出，我国发展的重点转向绿色 GDP 增长，这为全民生态设计教育提供了强有力的政策支撑。生态设计教育不仅要面向全体城市居民，还要考虑广大乡村地区的村民[③]，对全体民众进行生态设计教育是生态可持续发展的社会基础。虽然现代生态设计教育在我国取得了长足的进步，但距离真正做到全民具有生态设计意识还有不小的差距。大众生态设计教育必须是参与式，带有体验与互动的。

意大利哲学家翁贝托·埃可认为：对于其他国家来说，设计是一种理论；对于意大利来说，设计是哲学，或者是一种意识形态。在意大利有一种特殊现象，即大多数设计师的技能都是自学得来的，教育背景有医学、工程、音乐等，却少有从设计学院毕业的。这足以见得意大利的设计教育是针对全民而展开的，具有良好的社会基础。英国有着强制性的设计教育培训体系，因此英国的全民设计教育是从中小学开始的，针对生态设计教育的普及，需在中小学的课程中融入生态设计教育的内容[④]。日本官方设计机构的一个主要任务就是对全民进行设计教育，目的是提升消费者对设计的鉴别能力，同时促进本国整体设计水平的提高并有效制止劣质设计流通于市场之中。法国的全民教育把"美育"放在了一个很重要的位置，从幼儿园到大学，从学生到普通民众均需接受系统的美育教育。近年来，法国的美育教育中也逐渐融入了生态设计的理念。

[①] 尤立思，孟晗，赵云彦，等. 文化生态融合下的生态教育业态共创设计研究：以 Eden Project 为例 [J]. 装饰，2023（9）：117-123.
[②] 何齐宗，张德彭. 我国生态教育研究的回顾与前瞻 [J]. 中国教育科学（中英文），2022，5（5）：117-130.
[③] LIU H, MARTENS P. Stakeholder Participation for Nature-Based Solutions: Inspiration for Rural Area's Sustainability in China[J].Sustainability，2023，15（22）．
[④] 张睿智，田友谊. 英国中小学设计教育及其启示 [J]. 教育研究与实验，2020（6）：56-60.

生态设计教育应推动不同背景的多元主体，如学校、企业、政府、社区和个人等发挥协同作用，共创生态设计的未来。

4. 生态设计应秉承和合文化精髓

"和合"文化源远流长，从古至今渗透于中华文化发展全过程，是中国传统文化中最具生命力的思想精髓。"和"本义指声之和缓，后衍化出和谐、和善、平和之意；"合"本义指唇合，后衍化为结合、融合、凝聚之意。"和合"一词连用最早出自《国语·郑语》："商契能和合五教，以保于百姓者也。"可见，"和合"的最初含义是指协调各种关系、各种规范和治理国家的方式[①]。

先秦时期诸侯争霸，为改变当时动荡不安的社会局势并促进社会和谐发展，儒、道、法、墨家等诸子百家提出了"和"的理念，并逐步构建了独特的"和合"思想价值观。《论语·学而》有曰："礼之用，和为贵"，孔子以"和"作为人文精神核心，主张治国处事和礼仪制度都应以和为价值标准。老子提出"万物负阴而抱阳，冲气以为和"思想，认为"和"是宇宙万物之质及天地万物生存之基。《管子·幼官》将"和合"并举，指出"畜之以道，则民和；养之以德，则民合。和合故能习；习故能谐。谐习以悉。莫之能伤也"，其强调了"和合"对社会管理和治理的重要性。《中庸·第一章》提到"中也者，天下之大本也。和也者，天下之达道也"，将"和合"思想与追求适度、平衡及和谐的理念紧密结合，在差异中寻求统一，在变化中寻求稳定，从而达到社会和谐的发展状态。

21 世纪以来，人与自然、人与社会、人与自我之间的矛盾冲突日益凸显。张立文教授对中华和合文化进行深层次研究并出版了《和合学——21 世纪文化战略的构想》，指出"不管是人与自然、社会、人际关系，还是道德伦理、价值观念、心理结构、审美情感，都贯通着和合"，并认为现代意义上的和合，是指自然、社会、人际、心灵、文明中诸多形相、无形相的互相冲突，并和合为新结构方式、新事物、新生命的总和[②]；张岱年教授指出"合有符合、结合之义。古代所谓合一，与现代语言中所谓统一可以说是同义语。合一并不否认区别，合一是指对立的双方彼此又有紧密相连、不可分离的关系"[③]，认为"合一"在中华文化中并不仅是简单的统一或融合，而是一种更为复杂且富有深度的哲学理念，强调即使存在明显区别和对立也能找到深层且不可分割的联系和协调；季羡林先生认为"天人合一"是东方综合思维模式中最高级、最完整的体

---

① 冯来兴. 中国传统"和合"文化与构建和谐世界 [J]. 江汉论坛，2006，(5)：43-45.
② 张立文. 尚和合的时代价值 [J]. 浙江学刊，2015，(5)：5-8，2.
③ 张岱年. 中国哲学中"天人合一"思想的剖析 [J]. 北京大学学报（哲学社会科学版），1985，(1)：3-10.

现,为人们研究和弘扬中华"和合"文化提供了启示。

由此可见,"和合"思想是中国传统文化中的普世价值观,它涵盖了整个中国文化思想发展历程中不同时代、不同流派的文化观点。"和生万物""和而不同""和而不流""群己和谐"都是传统文化的精髓,在中国传统的社会伦理道德、行为模式、思维方式和审美情感中无一不贯穿着"和合"文化思想。生态设计的本质是自然生态、社会生态和精神生态三者之间的有机融合,共同构成了全息生态设计的内核。全息生态设计是多元化与多层次的生态"和合"设计,是信息时代自然环境与人文环境全方位"和合"共生的设计。只有在秉承"和合"文化精髓的基础上,我们才能让人与自然、人与社会、人与自我实现真正意义上的可持续发展。

第三节 生态设计的思维转变

1996 年 8 月在美国生态学会年会上,前美国生态学会主席朱迪·L. 梅耶(Judy L. Meyer)博士在《走出朦胧——面向未来的生态学》报告中指出,生态学应优先发展生态设计,强调通过设计影响新的思维方式的产生以及生活方式的改变。

一、从"开环设计思维"到"闭环设计思维"

"开环"一词来源于计算机术语,特指系统的输入影响输出而不受输出影响的系统,亦称"无反馈系统",与"闭环"一词内涵相对。生态设计也是一种观念和哲学,核心是将思想、信息和世界中的一切物质均视为可流动的,目标是让产品在一个封闭、无浪费的循环中无限期使用[1]。从"开环设计思维"到"闭环设计思维"的转变,体现了从一种线性的、无反馈的设计方法,向一种循环、自我强化的系统设计的进化,这种转变在根本上是由对可持续性需求的认识增强所推动的。在"开环设计思维"中,产品从设计到生产、使用再到废弃,遵循着直线型的生命周期,这种方式通常会导致资源的大量消耗和环境的

---

[1] 郝凝辉. 从线性思维到循环思维:生态设计助力碳中和[J]. 美术观察,2022(1):14-17.

负担。这类设计忽视了产品使用后的命运,其输入(资源消耗)和输出(产品及其废弃物)之间没有反馈循环,导致资源无法再生利用以及环境压力不断增大。

相反,闭环设计思维关注设计整个生命周期的过程。通过反馈机制确保产品及其构成材料在整体系统内循环使用,涉及更广泛的社会和经济层面,要求制造商、消费者和政策制定者之间有更紧密的协作,从而延长产品的使用寿命,并减少对原始资源的需求。

因此,从开环设计到闭环设计的转变不仅是技术上的革新,更是文化和思维方式的转变。这种转变促进了对生态环境影响的深思熟虑和对资源循环使用的重视。

二、从"集中式设计思维"到"分布式设计思维"

集中式设计思维在于资源和决策的集中,通常在单一或少数几个中心进行生产和控制,这种模式在规模经济和统一管理方面有明显优势。然而,随着市场和技术的变化,以及消费者需求的多样化,这种集中化的方式开始显示出其局限性,尤其是在灵活性、响应速度和个性化服务方面。分布式设计思维则为其提供了重要补充,侧重于在多个地点进行小规模和本地化的生产,这样的布局可以更好地响应地区性的市场需求和快速变化的环境。例如,在能源领域,分布式发电(如家庭太阳能板)允许单个家庭独立于中央电网,提高了能源安全且减少传输损失,并能在灾难发生时保持运行。在生产和供应链管理中,分布式设计也使企业能够减少运输成本,快速应对供应链中断,同时提高对消费者需求的适应性。

此外,分布式设计思维强调的是系统的韧性和可持续性。从社会和环境角度看,分布式设计可以促进地方经济发展,减少对中心资源的依赖,同时降低环境影响。因此,分布式设计思维并不是要取代集中式设计,而是作为其重要补充。

这种设计思维的转变不仅符合技术发展趋势,还能更好地满足现代社会对经济效益、环境可持续性和社会稳定性的综合需求。

三、从"线性设计思维"到"全息设计思维"

生态设计的本质在于促进环境、经济和社会的可持续性,这要求使设计过程超越传统的线性思维模式，转向更为全面的系统设计思维。线性设计思维通常关注从原材料到产品生产再到废弃的单向流程，而系统设计思维则强调所有元素间的互动和整体影响。首先，线性设计思维忽略了产品生命周期中各阶段之间的潜在联系和影响。在这种模式下，设计者可能只关注产品的功能和成本效益，而不考虑其在整个生命周期中对环境的影响，包括原材料采集、生产过程、使用过程以及废弃时的环境负担。这种设计策略导致资源浪费和环境污染，与可持续发展的生态理念背道而驰。

相反，全息设计思维是一种系统性的思维，要求设计者考虑产品在生态系统中的整体作用，鼓励设计者从更广阔的视角审视生态，考虑如何通过设计减少全局的资源消耗并提高社会价值。例如通过设计易于拆卸的产品，可以简化回收过程。此外，全息设计思维还强调跨学科的合作和创新，这对于解决复杂的环境问题至关重要。在全息设计的框架下，工程师、设计师、环境科学家和政策制定者能够共同工作，共享知识，共同开发出更有效、更环保的产品和解决方案，能够确保从多个角度评估设计的整体可持续性。

四、从"传统生态设计"到"当代生态生活方式设计"

生态设计的重要意义还在于它能推动新生活方式发展，促使我们尝试在不牺牲生活质量的前提下，合理利用地球"有限资源"。传统生态设计秉承"俭以养德"的价值观，推崇"物尽其用"的造物观，践行"循环利用"的设计观，遵循"返璞归真"的朴素审美观，为生态设计发展奠定了良好的思想基础。但传统的低技术手段存在能源利用效率低、材料与工艺的局限、适应性与灵活性不足等问题，仍然专注于物质层面的改良，在一定程度上无法满足当代生活方式的精神需求。

而当代全息生态思维将引导我们改变生活方式，从过去的以造物为中心转变为关注整个人文与自然生态系统的协调发展的生存体验，追求"低物质损耗的高品位生活"，从全息的视角实现人与自然、人与社会、人与自我的共生共荣。全息生态思维是中国传统"和合"文化之源，是适应高品位生态生活方式的当代转化。

在自然生态层面，当代生态生活方式设计倡导低能耗的高技术手段运用，如太阳能、光伏发电等技术能给人类现代生态生活带来极大的便利性和舒适度，同时能促进能源的自给自足并减少能源运输和储存过程中的损耗，增强能源安全性和韧性。例如，可再生能源行业的发展不仅能降低对化石燃料的依赖，还能减少对有害物质的接触并优化空气和水质，从而直接改善人们的身体健康。现代生态生活方式设计通过综合运用这些先进技术，能创造出健康和宜居的生活环境。

在社会生态层面，首先，当代生态生活方式设计关注文化的多样性，重视对弱势群体的人文关怀，在设计过程中综合考虑其特殊需求、生活环境及心理感受等因素。如新加坡大巴窑感官公园通过五感体验设计的创新，触觉导向的步道系统、基于声音艺术的景观装置，以及富含芳香植物的生态花园等，为视觉障碍者、听力障碍者、老年人及儿童等社会弱势群体构建了一个多维度的沉浸式环境体验空间。其中，视觉区以色彩缤纷、形态各异的植被为主；听觉区以人造水景的潺潺流水配合风吹竹林的声音；触觉区有植物的花、茎、叶和景观墙的立体浮雕的触摸质感，以及触摸后植物的变化；嗅觉区和味觉区有各种芬芳的花果植物，可供嗅闻或食用。大巴窑感观公园集人文关怀与生态设计智慧于一体，使生态环境发展与社会需求达到平衡。其次，现代生态生活方式设计注重生态设计管理，在生态文化管理、生态资源管理中实现生态效益最大化。例如，高椅村的乡村振兴项目以维护村落生态平衡为宗旨，通过文化禁忌、民间信仰、传统风俗等规训、劝诫方式，培育村民的生态价值观，用以制约破坏生态环境的不良行为，引导村民形成自觉的现代生态生活意识、生态风险意识。在生态协同的"窨子屋"建筑营造、"溪—渠—塘"三级水环境治理与"五龙抱珠"的生态体系设计中，高椅村通过生态化调控手段，实现了村落现代生态资源利用的最大化[①]。

在精神生态层面，当代生态生活方式设计关注人的精神需求，重视生态设计伦理与生态美学的发展。人与自我关系不和谐的心理危机，导致人类极端片面，甚至毫无约束地追求物质主义、享乐主义、消费主义，带来了生态环境系统的颠覆性破坏，造成人与自然及社会关系破坏的生态危机的加剧[②]。因此，需要以生态设计伦理来导向正确的人生观、成功观、价值观，以生态设计美学培育人们欣赏外在自然美以及生命个体的内在精神美，是精神生态设计的重要构成部分。生态设计伦理和审美从一种新的高度重新思考人与自然、人与社会及人与自我之间的关系，实现生态设计所追求的深层精神价值。

由此可见，全息生态设计不是简单的"加速"，而是对飞速发展的社会经济的"限速"，以平衡人类活动与自然环境的关系。它是应对"有限资源"与

[①] 朱力，张嘉欣. 高椅古村人居环境生态管理探析 [J]. 装饰，2019，(11)：132–133.
[②] 景君学. 当代生态危机的精神分析批判研究——基于马克思唯物史观的视角 [D]. 南京：东南大学，2021：154.

"无限欲望"这一基本矛盾的有效策略，也是一种思维与生活方式的转变。这种思维方式强调整体性和连通性，从"源头"（生态补偿意识）到"传播途径"（生态教育）再到"受众"（生态消费），在批评传统的线性思维的基础上，考虑如何实现资源循环和再生，是典型的"全息式"生态思维。借此，我们不仅能够提高资源使用效率，还能促进社会整体向更加和谐与可持续的方向发展，是缓解当今世界面临的生态问题的重要方法论。

在秉承"和合"文化精髓的基础上，自然生态、社会生态、精神生态三者共同构成了全息生态设计的内核，是多元化与多层次的生态"和合"设计，是信息时代自然环境与人文环境的全方位"和合"共生设计，强调非人类中心主义。人类不再是自然的对立面，而是参与到具有多种潜在可能的生态环链中的"全息元"，以适应生态系统的循环不息，使人类主体、社会、自然都不再是本质化的存在。"全息元"是生态系统中每一个具有生态功能又相对独立的部分，构成了整体的全息生态系统，与其他全息元以及整个系统是一种全息同构的关系，分属于自然生态、社会生态、精神生态等不同层次，是全息生态设计的构成要素。全息生态思维是中国传统"和合"文化之元，是系统解决自然生态问题与人文生态问题的智慧之源。

第二章 自然生态：设计之基

狭义的生态设计往往指自然生态设计,而广义的生态设计则包括了自然生态、社会生态、精神生态三个层面的全息设计。

自然生态是人类赖以生存的环境,是设计的物质基础。自然生态设计关注生物的多样性,将人文关怀与自然生态保护有机结合,实现对自然的尊重,运用再循环、再利用、共生化、情感化等共性技术及碳减排与捕捉、碳核算与交易等其他相关新技术,在满足人类需求、保证环境基本功能等物质需求的前提下,共同努力,尽可能降低资源消耗和环境污染,使人与自然的和谐共生成为现实的图景。

第一节 狭义的生态设计

"生态学"俨然是一门严谨的自然科学,而随着蕾切尔·路易丝·卡森《寂静的春天》的出版,生态学便深深地嵌入现代人类与环境、自然、社会、自我的错综复杂的关系之中,从而启动了"生态学人文转向"。生态问题开始迅速蔓延至现代社会经济、政治、科学、技术、宗教、伦理、审美、教育等多个领域。

狭义的生态设计往往指自然生态设计,它注重自然环境之间的互动关系,具有先进技术性、良好环境协调性以及合理经济性的理论和方法指导,也是设计生态化实现的初始阶段[①]。其核心在于实现人类社会与自然界的和谐共存,通过减少对自然环境的破坏并最大限度利用自然资源,创造舒适、健康的生活方式。生态设计实践中,通常采用可持续发展的策略以降低能耗、减少污染以及抑制人类欲望膨胀,强调整体性、循环性和系统性,以实现可持续发展的目标。

狭义的生态设计重物质而轻精神,重经济而轻文化,重技术而轻情感,长期忽略了人也是生物,也是地球生物圈中的一员。菲利克斯·加塔利反思现有狭义的生态学局限性,指出生态学不能排斥主体性生态问题和社会生态问题[②]。

---

① 陈玮,等.设计生态化的哲学转向[J].南昌大学学报(人文社会科学版),2007,38(6):18-22.
② GUATTARI F. The Three Ecologies[M]. New York: Continuum, 2008: 27.

他为应对主体性及其生产的危机,创造性地提出了生态体系理论,将狭义的、专指自然的生态扩展至广义的三大生态领域,即迈向机械圈的自然生态、趋向群体主体性的社会生态以及走向欲望生产的精神生态。所以,广义的生态设计也应该包括社会生态设计与精神生态设计。本书探讨的正是广义的生态设计,包括了自然生态、社会生态、精神生态三个层面,主张"三态和合"的"全息生态设计"。

第二节　生态设计的技术

18世纪,在丹尼斯·狄德罗(Denis Diderot)主编的《百科全书》中列入了"技术"条目[①],把技术理解成为某一目的共同协作组成的各种工具和规则体系。

古希腊著名的哲学家亚里士多德(Aristotle)最早将技术称为"制作的智慧",技术是人类通过科学知识、工具、方法和技能来解决问题、满足需求或实现目标的手段。生态设计在规划和实施过程中所需的各种技术手段和资源,将帮助设计师更好地应对生态系统的复杂性以实现全息生态设计目标。

一、生态设计中的共性技术

全息生态设计中的共性技术指的是在不同生态系统中通用的技术和方法,以促进生态系统的可持续发展,保护人类社会与自然环境之间的和谐关系,主要包括再循环、再使用、共生化、情感化四个方面。

1. 再循环

再循环是指将废弃物或废弃产品重新加工利用,以减少资源的消耗和废弃物的排放,降低对自然资源的依赖,并减少环境污染和破坏。

(1)模块化设计

通过重复使用模块来提高灵活性、可扩展性和维护性,从而简化制造过程、降低成本和促进创新,减少资源消耗、延长产品寿命。模块化设计允许单个模

[①] 狄德罗.狄德罗的《百科全书》[M].坚吉尔,梁从诫,译.广州:花城出版社,2007:13.

块或组件重复使用或更换，减少了对新资源的需求。此外，模块化设计还支持闭环经济，减少对原始资源的依赖，为引入新的可持续技术和材料提供了便利。

宜家的"贝达（Besta）"系列是一款深受消费者喜爱的储物收纳模块化家具，该系列以其高度的灵活性和可定制性，满足了不同家庭对于收纳空间的各种需求。用户可以根据自己家中空间的大小和形状自由选择和组合不同尺寸的储物柜，无论是大型储物柜还是小巧收纳柜，都可以轻松融入居家生活中的每一个角落。再如，谷歌的"模块化手机（Project Ara）"通过模拟乐高积木引导用户组装手机，还可以根据个人需求和喜好选择零组件并进行自由组合。如果使用者对拍照功能有较高要求，可选择更高性能的摄像头模块。若体验者更注重续航能力，可选择更大容量的电池模块，这种操作的灵活性不断促使手机在功能配置和个性化方面得到优化。

（2）被动式设计

被动式设计是一种建筑设计生态策略，它能最大限度地利用自然资源。如利用阳光、风、地温来维持建筑内的舒适环境，从而减少对传统能源和机械系统的依赖。通过优化建筑的形态、方位、布局和构造，以及精心选择的材料和技术来自然调节建筑内的温度、光照和空气质量。

被动式建筑的概念来自 1920 年兴起的被动式设计。当时人们将利用机械供能达到室内热舒适平衡的建筑称为"主动式建筑"，将不需要机械供能、仅靠建筑自身达到室内热舒适平衡的建筑称为"被动式建筑"，那些用于设计"被动式建筑"的设计方法则统称为被动式设计。如在寒冷气候中，利用大窗户和暗色地面材料吸收太阳能；在炎热气候中，通过遮阳设施和建筑物的定位来减少太阳直射；设计有效的自然通风系统，利用风力和温差产生的空气流动来冷却和通风；选择具有高隔热性能的建筑材料，利用绿色屋顶和墙面提供额外的绝热；设计雨水收集系统减少对地下水和市政供水系统的依赖；通过优化建筑功能，如减少风的冷却效应，或利用自然地形提供遮阴和保护等降低能源消耗。1990 年世界首个被动房"达姆施塔特"出现，他的设计者沃尔夫冈·菲斯特（Wolfgang Feist）总结出被动式建筑的五大设计原则——"保温隔热、无热桥、良好的气密结构、高性能门窗、机械通风"，让住户减少对传统暖气和空调系统的依赖，同时降低能源成本。这种高效、环保、舒适的住宅以最小的能源消耗来维持室内温度，不需要"主动"消耗能量，在气候危机频发的当下对人类建筑设计具有指导性意义。

（3）资源循环设计

资源循环设计可以实现资源的有效回收、再利用和循环使用。良好的共生关系有助于推动低碳环保科技研发与应用，加速绿色技术创新与推广并帮助企业实现低碳、节能、环保的目标，在促进资源循环利用、优化产品设计和生产过程、加强绿色供应链管理等方面赋能低碳转型[①]。这些技术是自然生态设计和循环经济理念的重要支撑，强调将废弃物转化为资源，延长物品的使用寿命，最终实现经济活动中资源流动的闭环。

在产品设计中应当采用易于拆卸和可回收的材料，减少混合材料的使用，从而降低废弃物对环境的影响。优选可自然分解或可快速再生的资源，以减少对非可再生资源的依赖。此外，将产品设计纳入服务的一部分，如通过共享服务模式可以有效减少物品的整体消耗和废弃。使用回收材料制造新产品是支持材料循环利用的一种方式，产品设计应确保用户或服务提供者能够易于维修或更新部件，从而延长产品的使用寿命，提升产品的整体价值和效益，显著提高产品和系统的环境性能。

2. 再利用

再利用是指在产品达到其原始使用目的生命周期极限时，直接或通过少量清洁、维护后再次使用该产品，不仅能延长产品的寿命还能节约资源和能源，主要包括循环供应链技术、生物可降解技术、回收和再加工技术。

（1）循环供应链技术

循环供应链技术是一种以环境可持续性为核心的供应链管理方法，其目的是创建一个更高效和可持续的供应链系统，通过减少浪费、增加资源的循环利用率以及优化产品生命周期的管理来实现。循环供应链与传统供应链管理的主要区别在于，它更强调在产品的设计、生产、使用和回收阶段考虑环境影响和资源效率，从而支持循环经济原则。

循环经济首先强调资源循环利用与减少浪费，通过有效的废弃物回收和再利用，将废弃物转化为可再生资源。将循环供应链技术应用于生态设计可以创建出既满足当前用户需求，又对未来环境影响最小化的产品，主张与供应商和制造商合作，确保整个供应链的可持续性，并与消费者和其他利益相关者沟通产品的可持续特性。这种方法不仅有助于保护环境，还可以为企业带来经济效益，比如通过节约材料成本增加新产品市场竞争力，以及建立品牌声誉等。

（2）生物可降解技术

生物可降解技术涉及开发和使用中通过自然过程，在相对较短时间内分解为水、二氧化碳、甲烷或生物质材料或产品。这种技术的关键是模拟自然界的

---

① 陆小成. 基于城市绿色转型的企业低碳创新协同模式 [J]. 科技进步与对策，2015，32（4）：67-71.

分解过程，其中微生物如细菌、真菌和藻类在适宜的温度、湿度和氧气水平作用下能够消耗和分解材料。

生态设计将生物可降解性作为核心原则，使用生物可降解材料和优化产品结构，确保产品在生命周期结束时能够被自然分解并减少对环境的负面影响。在设计阶段应优先考虑使用生物可降解材料，并进行全面的生命周期评估，以确保选用的生物可降解材料和设计方法能真正减少产品对环境的总体影响。总部位于阿姆斯特丹的 Avantium（可再生化学技术公司）是最早涉足绿色生态化学新领域的公司之一，创新的植物基塑料材料 PEF（聚乙烯呋喃酸酯）是传统石油基塑料的环保替代品，不但可回收而且会随着时间的推移自然降解。这种方法有助于减少废弃物的产生，提高资源的循环利用率，并减轻对生态环境的压力。

（3）回收和再加工技术

回收和再加工技术涉及从废弃物中回收材料，如塑料、金属、纸张、玻璃及电子废弃物等，并将其处理和转化为新产品或原料的过程，这些技术是实现资源的循环利用、减少废弃物和促进可持续发展的关键。不仅减少了对新原料的需求和废弃物填埋的数量，还能节约能源和减少温室气体排放。在生态设计中应考虑整个生命周期，特别是终端处理方式以促进材料的循环利用和回收。使用可拆卸的连接件简化拆解过程，清晰标记材料类型并优先选择高回收价值和需求的材料。设计时考虑再加工后材料的潜在用途以确保回收材料的质量，并与回收和再加工企业合作以提供明确的回收和处置指导，便于产品到达终端时的分类和回收，这些措施有助于实现更加可持续的生产和消费模式。英国斯特拉·麦卡特尼（Stella McCartney）公司推出了世界上第一款使用生物回收技术 Biopure^{TM} 生产的服装，使用一种人工酶，将塑料废弃物转化为聚酯原材料，减少了碳足迹。

将回收和再加工技术应用于生态设计不仅能减轻环境负担，还能为企业创造价值，通过提高材料效率和满足消费者对可持续产品的需求来增强品牌形象和市场竞争力。

3. 共生化

共生化常在生态设计领域中被提到，指的是不同产业、系统或组织之间建立起相互依赖的关系，以模拟自然生态系统中物种间相融相生的关系，达到资源效率最大化和环境影响最小化的状态。

（1）响应性设计

响应性设计最初是为了解决数字产品在不同设备上的显示问题。其自适应和灵活性的核心理念也被应用于其他设计领域，如产品设计、建筑设计和城市规划等。在这些领域中，响应性设计强调设计方案应能够适应变化的环境、用户需求和技术进步，以确保设计的长期有效性和可持续性。

"双碳"背景下绿色住宅建筑的地域性和气候响应性设计是关键，建筑形态、取向和布局需基于气候分析，以最佳的方式应对夏季热负荷和冬季冷负荷，并确保热舒适性[①]。响应性设计原则强调，能够根据环境条件变化进行自我调整的生态系统，如智能温室和自适应城市绿地，以提高生态系统的韧性和生产力。在城市规划和基础设施设计中应考虑自然灾害的潜在风险，开发能适应极端天气事件的解决方案。同时需选择能响应环境变化且对生态影响最小的材料，在考虑社会经济条件和文化价值变化基础上支持社区发展、增强文化连续性和提升生活质量。未来之屋（Chesa Futura）是由建筑师诺曼·福斯特在瑞士圣莫里茨建造的三层公寓楼。该建筑呈气泡形状，外部采用当地落叶松木制成，南侧对自然光和景观开放，北侧则可关闭以节省能源，将最新技术与瑞士传统的建筑技术融为一体，可以保护木质建筑免受地面多余水分的影响，并尽量降低对周围环境的视线干扰。

在生态设计中，应用响应性设计原则可以创造出更加可持续、更具韧性的解决方案，这些解决方案强调了设计的前瞻性、整体性和系统性，能够适应未来的环境变化并促进人类和自然的和谐共生。

（2）生物模拟设计

生物模拟设计也称为仿生设计。自然界中的生物体经过长时间的自然选择和进化形成了独特而复杂的结构和功能，这些生物体不仅具有高度的适应性和耐久性，还拥有许多人工物难以实现的特性，如超弹性、超疏水、自我修复等。生物模拟材料正是基于对这些特性的深入理解和探索，以创造出具有类似或超越生物体性能的新型材料。例如，鲨鱼皮表面具有一种特殊的微小凹槽结构，这种结构能够减少水流阻力，提高游泳速度。科学家通过模仿这种结构开发出减阻材料，这些生物模拟材料在船舶、游泳装备等领域具有巨大的应用潜力，可降低装备能耗并提高使用性能。

4. 情感化

情感化设计通常指在品牌建设、用户体验以及市场营销等领域中，创造与用户的深层情感连接，使产品或服务能够触动用户情感。将情感化设计融入生态理念，可引发人们对生态环境保护的共鸣，增强其对生态生活方式的

[①] 宋睿智. 双碳背景下绿色住宅建筑的优化设计 [J]. 石材, 2024, (3): 138-140.

认同感。

（1）用户体验设计

用户体验设计是一种以用户为中心的设计方法论，创造出能提供愉悦使用体验的产品和服务。这个过程涉及对用户的需求、能力、价值以及与产品或服务交互时的感受进行深入理解和考虑。不仅关注产品的可用性和功能性，还涵盖了用户使用产品过程中的多个触点和感受，确保产品在满足生态功能需求的同时能在情感上吸引用户。

用户体验与生态设计的结合应深入了解用户对环境问题的看法、知识水平，以及日常生活中采取环保行动的障碍和动力，鼓励环保行为产品的使用和服务，如以奖励系统、温和提醒或教育性内容，帮助用户做出更环保的选择。在设计过程中使用工具评估产品对环境的影响，进行用户测试以评估产品的可持续性特性是否满足用户需求，并不断迭代产品设计以提高其可持续性和用户体验。藻类合唱（Algae Chorus）是一款声音体验装置，通过实时与藻类互动，检测体验者呼出的二氧化碳，将吸入的二氧化碳在光合作用下转化为独特的音乐旋律。这展示了藻类在地球生态平衡中的重要作用，引发体验者对生态保护的深刻思考。因此，将用户体验应用于生态设计不仅可以创造出更加人性化、更具吸引力的绿色产品和服务，还能够通过改变用户行为增强环境意识，提高更为广泛的社会和环境效益。

（2）虚拟现实（VR）设计

虚拟现实（VR）设计是一个综合性的过程，它涉及多个学科和技术的融合，旨在创建出能够模拟真实世界或虚构环境的沉浸式体验。这种基于模拟的决策方式可以减少对实体物质环境的破坏和试错成本，提高设计的效率和可持续性。VR技术能在设计阶段提供逼真的模拟环境，使设计师能够更直观地感受到设计方案对环境的影响。通过构建三维虚拟模型，设计师可以模拟出不同设计方案在不同环境条件下的表现，从而更准确地评估其生态友好性。通过构建虚拟生态环境，公众可更直观地了解设计方案对生态环境的影响，从而提出更具体和有针对性的反馈意见。其还可以用于制作生态设计的科普内容，帮助公众更好地理解和认识生态设计的重要性和价值。布拉克·切利克（Burak Celik）以洛杉矶为对象打造了一个全息VR虚拟建筑项目"叠加（Superpositioning）"，探索了建筑架构的未来，以定义时间与空间记忆的方式，运用全息技术填充城市空间，让人们得以深入地感知时空与生态事件。虚拟现实技术在生态设计中的应用仍处于不断探索和完善的阶段，还需要关注其生态局限性，如设备成本、运营能耗等问题。

二、生态设计中的前沿技术

1. 碳减排与捕捉技术

政府间气候变化委员会（IPCC）于 2005 年向各国提出了碳捕捉与封存（Carbon Captureand Storage，CCS）技术推广倡议。

碳捕捉是指通过技术手段将大气中的二氧化碳捕获并储存起来，以减少其在大气中的浓度，从而减缓气候变化和全球变暖所带来的影响。大气中过量的二氧化碳会导致全球气候变暖、海平面上升、极端天气等环境问题，影响生物多样性和生态平衡。生态设计倡导将捕获的二氧化碳转化为可再利用的产品或原材料，如碳中和材料、碳纳米管等。碳封存技术是把捕捉的二氧化碳安全地存储于地质结构层，从而有效地减少二氧化碳的排放，它分为地质封存、海洋封存、化学封存等方式。

在生态设计领域，碳捕捉不仅限于工业过程中的碳捕捉与封存技术，还包括利用自然过程和生态系统服务进行碳捕获和储存的方法。如使用能够吸收二氧化碳的建筑材料，包括生物混凝土等，促使这些材料通过其生命周期吸收二氧化碳。在城市规划和建筑设计中，利用植被的光合作用吸收二氧化碳，采用覆盖作物、保留地上和地下生物量、改进土地管理等增加土壤的有机碳储存，还可利用物联网（IOT）技术监测和管理植被、土壤和其他碳汇的状况，优化碳捕捉过程。

碳减排与捕捉技术在生态设计中的应用是对抗气候变化和实现可持续发展目标的重要策略之一，这些技术不仅减少了温室气体排放，还有助于从大气中移除已经释放的碳。加拿大萨斯喀彻温省的边界大坝（Boundary Dam）发电厂是全球第一个将 CCS 技术商业化应用于燃煤电站的案例，通过这项技术，该电厂能够捕获大约 90% 的二氧化碳排放，大幅度降低了碳足迹。多伦多的长青砖厂（Evergreen Brick Works）公园利用绿色屋顶和垂直花园设计，不但增加了城市绿化，而且通过植物的光合作用吸收大气中的二氧化碳，有助于改善城市微气候，降低建筑的能耗并直接通过自然过程捕捉碳。英国德拉克斯（Drax）电力公司的生物能源碳捕捉存储（BECCS）项目通过燃烧生物质并结合CCS技术，实现了碳排放的负净值，为实现碳中和目标做出了贡献。通过结合现代技术与创新设计理念，生态设计不仅能够有效减少能耗，还能够积极地改善全球碳循环并对抗气候恶化。

2. 碳核算与交易技术

碳核算与交易技术是指用于量化、监测和交易温室气体排放量的一系列方法和工具。这些技术对于实现全球气候目标，特别是减少碳排放和实现碳中和非常关键。

（1）碳核算

碳核算，即计算组织、产品或活动产生的二氧化碳等温室气体的排放量。通过收集相关数据，并使用特定的排放因子将上述消耗和产出转化为碳排放量。

（2）碳交易

碳交易是一种市场机制，它允许组织之间买卖碳排放权以激励减少温室气体排放。在排放交易系统（ETS）中，政府对排放总量设定上限，并分配或拍卖排放配额给污染者，污染者可以在市场上买卖配额，以满足自身需求或实现成本效益。企业可以通过投资减排项目，如植树或可再生能源项目来生成碳信用，这些信用可在市场上出售给需要补偿排放的其他企业。

（3）碳补偿

碳补偿是一种环境金融机制，旨在通过资助减排项目来抵消组织或个人产生的二氧化碳排放。如果实体无法完全消除其活动产生的碳排放，碳补偿则可以利用其他项目来减少等量的排放，或通过植树等方式吸收相等量的二氧化碳，以及用风能、太阳能和水电项目的能源替代化石燃料等。

在生态设计中，碳补偿可以利用重要工具或选择低碳的建筑材料帮助设计师在项目开发过程中实现碳中和。在建筑施工过程中，通过选择可回收或再利用的材料和减少废弃物产生来实现碳补偿；在城市和建筑项目中增加绿色植被和公园，并通过绿色空间吸收二氧化碳，同时提供生态系统服务，如降温、提供生物栖息地等；设计雨水花园、渗透性铺装等，管理雨水以减少城市径流，并间接减少能源消耗和相关碳排放；设计低碳交通系统，如鼓励使用公共交通、增加非机动车道和电动车充电站、减少燃油车的使用，从而降低城市交通的总碳排放；设计并实施分布式能源系统，如太阳能面板和风力发电等，在本地生成能源以减少对化石燃料的依赖。对于难以完全消除的碳排放设计项目则可购买碳信用来实现碳中和，这些碳信用可以来自森林保护、可再生能源或其他减排项目。最后，需进行全面的碳足迹评估，以确定项目的总的碳排放并制定相应的碳补偿策略。

（4）碳抵消

碳抵消是一种生态设计策略，旨在通过资助减少或吸收相当于自身碳排放量的项目来补偿或"抵消"个人、公司或组织的温室气体排放。碳抵消通常是通过投资可再生能源、森林植树、改进能源效率或其他碳捕捉项目以弥补无法减少的排放来实现的。

例如，设计低能耗建筑时可使用可持续材料，并通过购买碳信用来补偿剩余的碳排放使建筑项目实现碳中和。设计师还可以通过支持林业项目或恢复退化的湿地等碳抵消项目进一步增强项目的碳汇功能。生态设计强调使用低碳或再生材料并考虑产品的整个生命周期，设计师为了实现碳抵消可以选择在生产和使用过程中具有正面环境影响的材料，并通过参与回收和再利用项目来进一步减少碳足迹。在设计和建造过程中应遵守诸如 LEED、BREEAM 或其他可持续建筑标准，包括对能效、材料选择和整体碳足迹的评估，并通过这些标准认证的项目可以更系统地实施碳抵消措施，还可以通过支持外部碳抵消项目来实现更广泛的气候正面影响。

碳核算与交易技术的运用主要是为了评估设计方案的环境影响，帮助设计师和企业在设计和实施阶段采取更加环保的措施。碳核算往往以生命周期评估（Life Cycle Assessment，LCA）为基础，让设计师可以识别高碳环节，并确定哪些生产阶段或组件产生的温室气体最多，从而选择低碳材料和技术，并比较不同材料和技术的碳足迹，以选择对环境影响较小的方案。设计项目也可以通过生成碳信用来参与碳交易市场，出售给其他需要抵消其排放的公司。这不仅为项目带来经济收益，还推动了整个行业的碳减排。

微软公司实施了内部碳费用制度，该制度要求所有部门对其碳排放负责，并支付相应的碳费用，这种内部碳定价策略激励了更高效的能源使用和更多的可再生能源投资。通过这种方式，微软不仅能够实现其可持续性目标，还能通过碳市场交易额外的减排量。在荷兰，一些绿色建筑项目利用碳交易系统实现建筑的净零排放目标。通过精确计算建筑材料和建造过程中的碳排放，并购买碳抵消信用来抵消这些排放，这些项目能够在技术和经济上实现可持续性目标。在全球范围内，许多建筑和设计公司投资森林植树或森林保护项目，作为其碳抵消策略的一部分。例如，通过评估其项目对森林砍伐的影响，并投资森林恢复项目，这些公司不仅补偿了自身的碳排放，还支持了生物多样性和生态系统服务。一些公司开发了碳足迹计算工具，以帮助设计师在项目规划和实施阶段评估各种设计选择的碳影响。如 Autodesk 的 Eco Materials Adviser 和 Building Connected 等工具，可以帮助用户选择低碳材料和技术，优化建筑的总体碳足迹。通过这些应用，碳核算与交易技术不仅帮助企业和项目达成其环境目标，在提供量化数据支持的同时增加了这些措施的透明度和可行性。

麦当劳在中国部分门店引入了环保充电单车。这些单车由回收塑料制作而成，既生态又实用。顾客在用餐过程中可以通过骑行单车将动能转化为电能，为手机等电子设备进行无线充电。这一"碳抵消"的设计在增加用餐趣味性的同时，不仅减少了化石燃料的使用和相应的温室气体排放，还无形中引导顾客参与到低碳环保行动中来。

三、其他相关新技术发展

数字孪生技术是一种创新模拟技术，它通过创建物理对象、过程或系统的虚拟模型实现这些实体实时映射。这项技术将其集成到数字模型中，以模拟物理实体在现实世界中的表现和行为。在生态设计中，数字孪生技术可让设计师通过模拟和分析，在实际构建或实施之前优化设计。比如，选择最佳的绝缘材料、窗户位置和玻璃类型来减少热能损失和增加太阳能收集；还能评估雨水收集系统或太阳能面板的性能，确保设计最大化利用自然资源，减少对外部能源的依赖；还允许设计师集成和模拟多个系统的交互，如供暖、通风、空调系统（HVAC）与建筑的物理特性，以实现最优化的能效。通过模拟整个建筑或产品的生命周期，设计师可以识别出环境影响最大的阶段，并调整设计以降低整个生命周期的碳足迹；还能预测并减少极端气候条件对建筑物的影响，并考虑生态系统服务，如生物多样性、土壤保持和水循环。一旦建筑或系统实施，数字孪生可以持续收集运行数据，帮助设计师和运营人员根据实际性能动态调整操作，以实现上佳的环境表现和能源消耗。上海漂视网络股份有限公司运用数字孪生平台生成引擎PDG，助力杭州亚运会"智能"开展。将真实场馆1∶1实时映射，并在虚拟空间形成数字副本，结合物联感知技术及二三维海量数据检查、多源异构数据融合，实时感知比赛能耗、安全态势等信息，对场馆电、水、热量、冷量等能耗和能效进行实时监控，与环境监测、设备监测、智能照明等系统的联动，以精细化管理减少能源消耗和碳排放，提升了杭州亚运会场馆的生态运营效率。我国新能源车辆智能管理平台通过数字孪生技术实现智能电网、物联网和互联网技术融合，提供了精准的采集数据和趋势分析，帮助企业在保障新能源日常运维工作的同时降低运营成本，实现预测性的生产和运营管理，推动新能源产业的生态发展。

AIGC即人工智能生成内容，是指使用人工智能技术自动或半自动地生成文本、图像、音频、视频等内容的技术。其工作原理通常基于机器学习模型，特别是深度学习模型，可以分析大量关于材料、生产过程、使用效率和废弃物管理的数据，可以帮助设计师更好地理解如何优化设计。利用机器学习算法，AIGC可以生成多种设计方案，这些方案旨在提高材料和能源的使用效率。通过 AI 模型可以预测材料的性能和可持续性，加速环保材料的开发过程；还可以让设计师和工程师在模拟环境中学习和试验生态设计原则，无须实际消耗任何物理资源。全球首个城市级设计元宇宙平台 D Universe 利用 AIGC，结合算法生成定制化设计方案，通过数字化手段减少实体材料的使用，鼓励消费者追求独特、可持续的时尚产品，推动了时尚行业的生态转型。海尔上海家电研发中心通过引入 AIGC 技术，实现了从设计到渲染的全流程自动化，显著提高了设计效率并减少了资源浪费。其 AI 助手"Co-designer"能够辅助设计师进行更加精细和优化的设计，以生产出更加节能、生态的家电产品。AIGC 技术的应用不仅可以帮助设计师和公司创造更环保的产品，还能提高生态设计的整体效率和创新性。随着 AI 技术的进步，我们会看到更多的创新方式，将 AIGC 应用于生态设计中。

射频识别技术（Radio Frequency Identification，RFID），是一种非接触式的自动识别技术，其工作原理基于射频信号和空间耦合（电感或电磁耦合）或雷达反射的传输特性，实现对被识别物体的自动识别[①]。在 RFID 系统中，电子标签（亦被称为射频卡或应答器）和阅读器（亦被称为读写器或询问器）是核心组成部分。射频识别技术在生态设计中的应用是一个有趣且富有潜力的领域，它作为一种先进的自动识别技术，为生态设计提供了新的解决方案和可能性。在资源管理方面，射频识别技术能实时追踪和监测资源的数量、位置和使用情况，帮助决策者更好地进行资源规划和调配，避免资源的过度消耗和浪费；在环境监测方面，射频识别技术可以与传感器技术相结合实现对环境参数的实时监测和数据分析，通过在关键区域布置 RFID 读写器和传感器收集温度、湿度、光照等环境数据，评估环境健康状况和变化趋势并为生态保护提供科学依据；在生态保护区管理方面，射频识别技术可为保护区内的动植物和设施安装 RFID 标签，以实现对它们的自动识别、定位和追踪。例如，在濒危物种保护项目中，科研人员利用 RFID（射频识别技术）为野生动物植入射频标签。这些标签能够记录动物的迁徙路径、栖息地选择和健康状况等关键信息。科研人员通过远程追踪和监测实时掌握动物的动态，为制定科学合理的保护措施提供数据支持。不仅能提高濒危物种的保护效率，还能辅助科研人员更深入地了解动物的生态习性，促进动植物生态保护向数字化、智能化发展。在当今垃圾分类和回收设计领域，射频识别技术也得到了广泛应用。在垃圾桶或垃圾袋上安装 RFID（射频识别技术）标签可实现对垃圾的分类和追踪。当垃圾被倾倒至

---

① 蔡然，徐琪. 基于 RFID 技术的末端产品信息管理研究 [J]. 改革与战略，2008，24（10）：178-179.

垃圾车时，RFID 读写器能够自动识别垃圾标签并将垃圾分类信息传输至垃圾处理中心，便于追踪垃圾的来源和去向，大大提高了垃圾回收的效率。射频识别技术在生态设计中的应用具有广阔的前景和潜力。

第三节　生态设计的评估

生态设计项目的评估有助于检验设计方案的实际效果，发现和改进潜在问题，并为未来的设计提供经验和参考。评估过程需要综合考虑生态系统的健康状况、人类活动的影响以及社会经济效益等方面的指标，以全面评价设计方案的可持续性和成效。

一、生态设计评估闭环

生态设计的评估框架往往包含环境、社会和经济三大可持续发展维度。生态设计评估框架中的 ISO 14001 认证、生命周期评估、回收利用等评估方式对企业工艺流程创新和产品设计都有显著的积极影响。从历史经验来看，生态设计离不开对人类生存的现实考虑，离不开经济、社会和文化发展的大框架[①]。生态设计评估由前端、中端和末端评估共同构成良性发展闭环，这三个阶段的评估相互联系，相互促进。闭环供应链从前端注重采用生态设计，到末端注重回收处理，可以同时实现经济效益、环境效益和社会效益三者的共赢，反之则会导致严重的资源浪费和环境问题[②]。这些评估方法帮助生态设计师确保其所设计的项目符合可持续性标准，同时提高资源利用效率和环境友好度。

1. 前端评估

前端评估是一个涉及多方面因素的过程，主要目的是确保设计从一开始就符合生态和可持续发展原则。大多数生态效应都是在设计的早期概念阶段确定的，因此采用以早期设计为重点的方法可有助于改善生态结果。在设计前期阶

---

① 周博. 民胞物与：生态设计与差序伦理 [J]. 美术观察, 2022（1）: 18-19.
② 张明瑶. 大数据时代考虑生态设计的闭环供应链决策研究 [D]. 无锡: 江南大学, 2023.

段进行生态环境影响评估，让设计者可以提前预见可能对自然环境、生物多样性和地区气候的潜在影响。

该阶段可使用建筑信息模型（BIM）技术和其他模拟软件来预测建筑的能源消耗和热性能，对建筑或产品从原材料获取、制造、使用到废弃的全生命周期中的环境影响进行模拟量化分析，可以识别和优化设计中的环境热点，选择低环境影响的材料和工艺，并判断出生态系统服务，如空气质量调节、水资源调节、碳固存等的影响。还可以根据国际、国内的绿色建筑或可持续性标准进行设计和评估，这些认证也为项目提供了市场认可和竞争优势。

荷兰汉·布雷泽（Han Brezet）教授提出了绿色设计的4个维度，即改良—再设计—功能革新—系统革新，反映了生态设计的不同层次，并指出它们也可以作为绿色设计评估的工具[1]。也有学者提出了一种基于生命周期集成框架的新型生态设计模型，它从功能、结构、材料、工艺的系统关联机制的角度整合产品设计信息，构建了一种基于生命周期设计场景的相似性匹配方法，从设计方案阶段评估对环境影响[2]，进而提升方案的生态效益。例如，荷兰的莱利校园（Lely Campus）项目在完成设计后评估了项目对当地生态系统的影响，并根据评估结果对设计方案进行了调整，提高了项目的落地性。

2. 中端评估

中端评估主要聚焦在项目执行阶段，确保设计初期设定的生态与可持续设计目标在实际施工和操作中得到有效实现。这一阶段的评估活动是为了持续监测和管理生产施工过程中的各项环境影响，以确保符合生态设计的更高标准。

该阶段可使用环境管理系统（如ISO 14001）来监控和管理施工现场对环境的影响，并定期检查所用材料来源和质量，以确保它们符合生态效益的要求。在施工和操作期间监测能源和水的使用情况，确保达到设计阶段预定的效率标准；还可实施节能措施和水资源管理策略，如使用节水装置和能效高的设备，实时评估项目对本地生态系统的影响，包括对周边植被、野生动物及水体的影响等；不断调整施工和运营策略，以确保实际性能符合生态设计的标准，并基于测试结果调整系统和优化运营管理；还需定期与项目利益相关者，如居

---

[1] 李若辉，关惠元. 基于设计创新驱动的中小型制造企业生态化发展策略 [J]. 企业经济，2017，36（10）：9-14.

[2] MORRISON J R, AZHAR M, LEE T, et al. Axiomatic Design for eco-design: eAD+[J]. Journal of Engineering Design, 2013, 24（10）: 711-737.

民、使用者、地方社区等进行沟通，收集他们对生态效益的反馈。通过这些中端评估方法，可确保生态设计在项目的执行阶段得到有效实施。

3. 末端评估

末端评估主要关注项目完成后的性能和影响，它与最初设计目标形成前后对比并帮助确定设计实施的长期可持续性和环境效益。

生态设计的末端评估可以提供关于设计如何影响用户行为和满意度的重要信息，还可分析从设计、建造到运营和维护的整个生命周期成本，有助于生态系统服务的恢复或提升，如生物多样性增强、空气和水质改善等，并能辅助验证生态设计对环境和社会的正面影响，确保持续符合最新生态发展标准。

生态设计的末端评估还将对当地社区的经济和社会带来一定影响，包括就业机会的增加、地区经济发展的加速和居民生活质量的提升等。设计团队和项目管理者也可得到关于生态设计实施效果的详细反馈，并进一步改进未来的生态设计和运营策略。目前的生态设计评估主要集中在技术性能方面，而事实证明，用户行为在整体生态环境性能中起着重要作用。艾曼纽尔·乔尔（Emmanuelle Cor）等人提出，通过使用行为创新来支持产品使用阶段的生态设计活动[①]。例如，德国的太阳能社区（Solar Settlement）项目在完成设计后对其进行了经济评估，从该项目对能源利用和经济效益的影响出发，为推广太阳能利用和可持续发展提供了实践经验和政策建议。英国贝丁顿生态村（BedZED）项目在竣工后进行了社会评估，评估了项目对社区居民的生活质量和社会参与度的影响，为可持续生活方式和社区建设提供了借鉴经验和政策参考。

生态设计的末端评估是实现生态设计目标和可持续发展的关键环节，能够优化资源利用和经济效益并提升设计的社会认可度及参与度。

二、不同行业评估维度

在不同的专业领域中，评估方式可以与生态设计理念和实践相结合，以提高项目的环境友好性、可持续性和整体生态效益，这种融合有助于推动更广泛的生态可持续发展目标。

---

① COR E, ZWOLINSKI P. A Protocol to Address User Behavior in the Eco-Design of Consumer Products[J]. Journal of Mechanical Design, 2015, 137（7）.

1. 产品设计生态评估

对产品设计的环境评价是确保其达到预期功能、安全、质量、生态和满足市场的各个需求的至关重要的步骤，评价的关键方法包括：

（1）功能性评估。该评估是在不同操作环境下进行的性能检验，旨在确保产品能按预定设计标准进行操作，以保证产品在各种不同生态链中均能稳定运行。

（2）体验式测试。这项测试旨在从目标用户中收集反馈信息，并深入了解他们使用产品时的实际操作体验。它有助于识别产品设计中的潜在缺陷，同时增强用户的界面及互动设计。

（3）材料品质监管。通过完整的品质检查流程，确保产品生产过程及其标准符合生态质量要求，其中涵盖了生产前期原材料的核查、生产期间的中控台管理和产品的品质检验等环节。对于产品的耐用性和持久性，可以通过加速寿命测试来模拟在标准使用周期内可能面临的多种压力状况。

（4）生态安全检测。确保产品达到所有相关生态安全准则及法律要求，并对产品进行全面的生态安全检测，如电气、机械以及化学物质等安全问题。

2. 环境设计生态评估

生态评估在环境设计领域是一个至关重要的环节，它旨在确保设计不仅能符合功能性需求，还能保持对环境影响最小化并促进生态环境可持续发展。这种评价机制可涵盖多种评估策略，以确保从多个角度对设计的环境效应进行全面评价。其主要的评估方式有：

（1）环境影响评估（EIA）。旨在探究项目建设与管理过程中对环境（如生物多样性、水资源管理、空气状况和噪声水平等）可能带来的后果。EIA可帮助识别潜在的负面影响，并引导人们制定减缓这些影响的相应方案。

（2）能源消耗和碳足迹分析。此阶段主要评估设计方案在生命周期中的能源消耗和碳排放，并采用生命周期评估（LCA）等工具来详细分析从原材料采集到产品废弃的过程中，能源和资源如何生态性地回收与利用。

（3）生态服务评估。这一环节主要关注设计对生态服务的潜在影响，包含生态系统在气候调节、水资源管理和生物多样性保护等方面的作用，以便辅助设计师在生态设计中做出更为合理的优化方案。

（4）水资源管理评估。本阶段主要评估设计方案对水资源的利用和影响，包括雨水控制、废水处理技术和水循环效率等，通过此评估可优化水资源的生态保护和合理利用措施。

（5）材料选择和资源效率评估。分析所使用的建筑材料和资源对环境的影响，包括对其可持续性、再生能力和整体生命周期进行评价，选择环境友好的生态材料以显著降低对整体生态环境的影响。

（6）室内环境质量（IEQ）评估。IEQ评估旨在评估建筑设计对室内环境质量的影响，包括空气状况、照明设备、声学特性以及热量舒适度等。高质量的室内生态环境不仅能增强居民的身体健康和心理状态，还有助于提高整体社会生产力。

（7）生命周期评估（LCA）。LCA有助于识别建筑生命周期中的环境热点，并促进资源和能源的有效使用。从建筑的规划设计、构建、管理再到拆除的全过程，评估其对生态环境的整体影响。

（8）无障碍设施评估。为确保建筑设计满足无障碍的要求，确保包括残疾人在内的所有人能够安全且便捷地操作，评估范围应涉及建筑物的各个部分，如入口、走廊、电梯、洗手间及紧急出口等，以确保其是否与无障碍设计标准相契合且提供友好和包容的环境。

（9）社会文化影响评估。详细分析设计方案对当地社区和文化的正负面效应，确保生态设计方案在遵循生态原则的同时尊重和融入地域文化，明确其对社会结构和社区活动的潜在影响。

3. 服装设计生态评估

服装设计的生态评估是确保服装产品在整个生命周期内符合功能性、安全性、生态性、质量和市场需求的关键过程，它涵盖了多种评估方法以对服装设计与制作的各个方面进行详细测试与解读。其主要的评估方式有：

（1）材料选择评估。对天然纤维（如有机棉、麻、竹纤维等）与再生材料（如可回收聚酯）的可行性和环境效益进行评估，并关注这些材料在来源和生产中对水资源和能源的消耗，以及化学品的应用情况。

（2）生产工艺评估。审查染色、纺织、缝制等各个环节是否具备生态环保特性，并重点关注是否采用低能耗和低污染的生态印染技术手段。如无水染色、数字印花和无缝缝制技术，以及废水、废气和固体废弃物的不同处置方式等。

（3）质量和安全评估。此阶段通过一系列的质量和安全检验，确保服装符合所有相关的生态安全标准和法规要求。包括生产前的面料和辅料检查、生产过程中的中控以及最终产品质量检验，还有化学安全（如甲醛含量、重金属含量）、物理安全（如缝线强度）评估等。

（4）生态环境影响评估。生态环境影响评估旨在分析服装在整个生命周期中对生态环境的影响，包括评估原材料采购、生产过程、使用期间和废弃阶段对生态环境造成的影响，并倡导可再生能源的使用以减少碳足迹。

4. 信息设计生态评估

信息设计生态评估不仅是技术实施的过程，更是一种系统性的方法论，旨在通过综合考量和策略性管理，确保产品在市场上的竞争力和用户满意度，最大限度减少信息产品对生态环境的负面影响。

（1）材料与资源选择的可持续性评估。材料与资源选择的可持续性是信息设计生态评估的核心。选择环保和可再生材料不仅能减少资源消耗，还能降低生产过程中的碳足迹和环境污染。例如，采用认证的可持续森林纸张和再生纤维，以及使用低化学品含量的印刷墨水，有助于降低生产过程中的环境负荷。

（2）创新生产技术和生态工艺评估。创新生产技术和工艺对信息产品的生态设计至关重要。可推广使用低能耗和低排放的生产技术，如生物降解材料、数字印刷、无水染色的使用，解决废弃物处理和资源回收的难题，进一步推动循环经济的发展。

（3）全生命周期生态管理评估。全生命周期管理是信息设计生态评估的另一个重要方面。从产品设计阶段开始，就需考虑产品在使用和废弃阶段对环境的影响。通过优化设计、减少能源消耗和推广可回收材料的使用，实现信息产品在整个生命周期内的资源高效利用和生态环境友好性。

（4）注重用户体验和社会责任。除了技术层面的考量，信息设计生态评估还注重用户体验和社会责任。通过用户调研和市场反馈，生态设计师可以优化产品的功能性和易用性，同时考虑产品对用户健康和社会生活的积极影响，以提升产品的市场竞争力和社会接受度。

（5）市场适应性和法规合规性。市场适应性和法规合规性的评估对于信息产品至关重要。在确保产品在全球市场上顺利推广的同时考虑各地区不同的环保标准和认证要求，通过充分了解和遵守当地的环境保护法规以增强生态产品的市场竞争力。

（6）科技创新与可持续发展融合。科技创新在推动信息产品走向生态环境可持续发展方面发挥着关键作用。物联网、人工智能和大数据分析等最新技术的整合，使人们能够优化设计的生态效益和资源利用效率，并通过实时数据收集和智能分析，精确监测和管理设计的生命周期，减少资源浪费和能源消耗。科技创新与可持续发展融合不仅能够提升生态设计的竞争力，还将推动信息设计行业朝着更加可持续发展的方向迈进。

在各个专业领域中，将生态设计的原则与不同的评估方法相结合有助于真正推动生态设计理念融入实践探索，能为生态保护和资源节约保驾护航。在减少生态环境影响的同时提升社会和经济效益，是实现全球生态环境可持续发展的重要途径。

第四节　自然生态设计的目标

自然生态设计的目标是将理想的可持续性原则转化为具体、实际的设计项目。通过具体措施和策略优化资源使用，减少环境污染并延长产品生命周期，提高能源效率以促进循环经济，增强生态效益的同时综合考虑社会经济因素，最终实现生态环境可持续发展。

一、减少自然资源消耗

减少自然资源消耗是生态设计的首要目标，它旨在优化资源的使用，减少对不可再生资源的依赖，提升整体资源利用效率的同时减少碳排放。

首先，可通过创新设计和先进技术减少生产和使用过程中对能源和材料的消耗，提高能源和材料效率并减少碳足迹，如使用能效更高的生产设备和工艺，优化供应链管理，避免材料浪费；其次，可优先选择可再生能源（如太阳能和风能等）和可持续材料（如竹子和回收塑料等）以替代传统的化石燃料和不可再生材料，以减少对环境的负面影响；最后，通过精益生产和绿色制造技术减少生产过程中的资源浪费和副产品生成，如实施零废弃生产线和资源闭环利用系统，以降低生产过程中产生的碳排放等。

二、降低环境污染

降低环境污染是生态设计的重要目标之一。通过减少对空气、水和土壤的污染，保护生态环境和人类健康，以实现碳达峰和碳中和。

首先，在设计阶段考虑产品的整个生命周期设计，从原材料选择、生产过程到废弃物处理，如选择低污染的制造工艺和环保的运输方式等，尽量减少各环节对环境的污染。其次，优先选择对环境和健康无害的材料，减少有毒有害化学品的使用和排放。如在家具制造中使用天然木材和水性胶水可以避免甲醛和其他有害化学物质的释放；在纺织品生产中使用天然纤维、无毒胶水和无害染料等环保材料，可以减少生产和使用过程中对水体的污染和对人体健康的危害等。最后，设计废弃物管理系统，确保废弃物的无害化处理和资源化利用。废弃物管理系统的设计应当全面考虑废弃物的收集、分类、处理和再利用等各个环节，通过科学的方法和先进的技术实现废弃物的减量化、资源化和无害化处理。

三、延长产品生命周期

延长产品生命周期也是实现可持续发展的重要环节。通过提高产品的耐用性和可维修性，延长产品的使用寿命，促进资源的高效利用，积极应对资源短缺和环境污染问题并推动社会经济的绿色转型。从设计开始到制造、流通、使用、废品处理、分解、再利用，直到变成下一循环资源的全过程，都应是生态设计所关注的问题领域。

通过精良的制造工艺，如精密加工和先进的装配技术，减少因产品故障或损坏导致的频繁更换，提高产品的整体质量和耐用性。另外，还需考量其是否易于拆卸和维修，使用户能够方便地更换损坏的部件或进行必要的维护。如在家电和电子产品的设计中，采用标准化的螺钉和模块化的组件可使维修过程更加简便和快捷。应提供详细的技术支持，鼓励用户自行或通过专业服务机构进行维修以延长产品循环利用的寿命。

四、提高能源利用效率

提高能源利用效率是实现可持续发展的重要路径，通过设计节能设备和减少能源消耗，降低碳足迹以推动实现当今国家"碳达峰"和"碳中和"的战略目标。这一举措不仅可以有效应对能源资源紧张和环境污染问题，还能为生态环境可持续发展注入新动力和可能性。如开发高效节能家电，通过改进这些设备的压缩机、加热元件和控制系统等关键零部件，可有效减少能源消耗。其中，采用逆变技术的空调可根据实际需求调整压缩机工作频率，能显著降低用电量以避免能源浪费；通过优化建筑结构、使用高效保温材料和改进通风系统等措施设计低能耗建筑。例如，采用双层或三层玻璃窗和高效隔热材料，能有效减少室内空间冬季热量损失和夏季热量进入，从而降低冷暖能耗。

利用智能技术实现能源管理优化，并通过智能化手段提高能源使用效率，减少不必要的能源消耗和碳排放，是现代能源管理的重要趋势。例如，智能照明系统可以根据环境光照条件和人员活动情况自动调整灯光亮度和开关状态，避免不必要的照明能耗；如采用智能温控系统，根据用户的作息时间和习惯自动调整温度设置。能源管理平台可以对建筑和设备的能源使用进行实时监控和分析，发现能源浪费的环节并及时提出改进建议。如智能电网系统通过实时监测和管理电力需求，优化能源分配并提高能源使用效率。

总之，自然生态设计通过技术创新使生态可持续性成为可能，它以减少对自然资源的消耗、最大限度降低环境影响、延长产品生命周期和提高能源利用效率为目标。

第三章 社会生态：设计之善

导致生态危机的根源是多方面的，社会问题是根本原因之一。

社会生态既指人类社会和自然环境相互作用的状态，又包含社会系统内部生态关系的协调。社会生态设计关注文化多样性与弱势群体的生存，彰显了人文温度与善意，为自然生态、精神生态的和谐发展提供了坚实的社会力量。社会生态设计的正向发展离不开社会创新设计、生态设计管理、生态设计时尚及系统生态设计的共同作用。社会创新设计侧重于运用文化创新的策略和方法来解决社会生态问题，尤其关注设计的社会责任与对弱势群体的关怀；生态设计管理侧重如何在传统生态智慧与现代技术之间、生态可持续性与经济发展之间取得平衡；生态设计时尚强调唤醒社会群体生态意识，引领生态消费潮流；系统生态设计注重整体性、综合性的系统思维，整体考虑生态系统各部分之间的动态关联性，而非孤立地看待单一生态问题或要素。四者协同作用有助于社会生态环境的良性发展，为实现社会的可持续发展和生态文明建设提供文化支撑和保障。

第一节 社会生态与社会创新设计

美国社会生态学家默里·布克金在其《自由生态学：等级制的出现与消解》中指出：几乎所有当代生态问题，都有深层次的社会问题根源。假若不彻底地处理存在于社会中的问题，现有的生态问题就无法被正确认识，更谈不上被解决[①]。在生态学视域下，社会被视作一个复杂的生态系统，其中包括人类、自然环境、社会结构、文化价值等要素。社会生态强调社会系统中各元素之间的平衡与和谐。

人类社会活动与自然环境之间的不协调引发了一系列关于环境污染、资源过度消耗、文化与生物多样性丧失、城市化带来的人文生态失衡等问题，社会创新设计为缓解这些生态问题提供了新的可能性，推动了自然与社会的可持续发展。

20 世纪 80 年代，美国著名设计理论家维克多·帕帕奈克在《为真实的世

---

① BOOKCHIN M. The Ecology of Freedom[M]. Palo Alto: Cheshire Books, 1982.

界设计》一书中首次提出设计师不能忽略以社会为基础的设计，必须重视对社会与环境的责任。设计需回应人们真实的需求，并实现社会的可持续发展，被视为"社会设计"思潮的开端[1]。英国杨氏基金会（The Young Foundation）从社会问题的视角，将社会创新定义为能够满足社会需求，创造出新的社会关系或合作模式的新想法[2]。米兰理工大学教授埃佐·曼奇尼（Ezio Manzini）将社会创新界定为"一种变革的过程"，该过程源于对现有资产的创造性重组，其目的在于以一种新的方式实现人类社会公认的目标[3]。"地瓜社区"创办人周子书认为，社会设计的创新行动需要我们充分理解当下的时代特征，与利益相关者建立起信任，理解产生问题的系统和组织是如何运作的。以创造性的方式，在不同层级的社会交互中探究人类社会生产、消费和分配的替代性模式，以重建社会资本，获得人与自然的可持续发展[4]。社会创新设计亦被称为社会设计，是利用创新的策略和方法来解决社会生态问题，不只是关于新产品、服务或技术的设计，还涉及合作策略、管理方法、工作流程和价值理念等，以提高公众福利并推动社会的全面进步。

"哺育米兰"是意大利米兰实施的社会创新设计案例，结合了生态设计和社会创新的理念，通过多方协作与创新实践，致力于解决城市化进程中食品安全、环境保护和社会公平等问题。它通过推动本地化农业生产，支持小规模农场和有机农业，确保食品的可追溯性和安全性。通过推广社区农业模式，直接连接农民和消费者，不仅减少了食品运输的碳排放，还提高了食品的新鲜度。该项目还强调社区参与，通过组织农夫市集、食品工作坊和农耕体验等社区活动，不仅提升了市民的环保意识，还增强了社区的凝聚力。社会创新设计不仅能够解决当前的自然生态问题，还能够促进社会生态的和谐发展。

无障碍界面设计起源于1974年，旨在满足残疾人、老年人等弱势群体的需求，在提升电子产品的易用性和包容性的基础上，使弱势群体能够轻松使用并享受产品带来的便利。其关键要素包括可感知性、可操作性、可理解性和可靠性，通过优化界面布局，提供清晰的导航和反馈，减少不必要的操作步骤等设计手段，降低用户在使用产品过程中的认知负荷和操作难度。例如，苹果公司在其iOS操作系统设计上非常注重无障碍功能，以确保用户都能够轻松访问

---

[1] MARGOLIN V, MARGOLIN S. A "Social Model" of Design: Issues of Practices and Research[J]. Design Issues, 2002, 18（4）: 24-30.
[2] MURRAY R, CAULIER-GRICE J, MULGAN G. The Open Book of Social Innovation: Ways to Design, Develop and Grow Social Innovations[M]. London: The Young Foundation and NESTA, 2010.
[3] 徐之殿奎, 鲍懿喜. 社会创新视角下设计发展趋向研究[J]. 包装工程, 2023, 44（20）: 77-87.
[4] 周子书. 创新与社会——对社会设计的八点思考[J]. 美术研究, 2020（5）: 124-128.

和使用其设备和应用。如屏幕上的内容可转化为语音输出,帮助视障用户浏览界面和操作应用程序。这种设计还提供了详细的无障碍设置菜单,用户可以根据自己的需要调整各种视觉、听觉和运动控制选项等。这类无障碍设计使得视障用户能够独立使用电子产品,让弱势群体享受与普通用户同等的体验与幸福生活的权利。

长沙劳动西路与湘江路交会处的油脂厂工业遗址改造项目,是城市更新中社会生态设计的生动实践。油脂厂始建于1936年,曾是长沙中心城区为数不多的工业遗存。该项目尊重原始遗址肌理,充分考虑了原始建筑风貌,将原生产区改造为特色文化体验区,保留了规格不一的储油罐及斑驳沧桑的外表。同时,在新建筑中也再次使用拆下来的印有"红星""白沙"等字样的旧红砖,以留住长沙的历史记忆。该设计不但实践了"再生化"的生态理念,而且为市民提供了一处多元化的文化生态街区。

面对全球日益增长的复杂社会生态问题,例如文化多样性逐渐消失、经济的不均衡和资源匮乏等,社会创新设计已经崭露头角,成为解决这些问题的重要力量。

第二节 "兼续型"生态设计管理

生态设计管理是一种在开发设计或项目实践的过程中,系统性地整合环境保护和可持续发展理念的管理方法。通过优化设计和生产过程,实现资源的高效利用,减少对生态环境的负面影响。"兼续型"生态设计管理兼具生态文化与生态资源管理为一体,通过"全息"生态设计实现人文环境、自然环境的协调与可持续发展。

一、生态设计管理的传统智慧

诚然,现代化的生态管理模式为社会带来的价值不言而喻,但这并不意味着传统的模式已经失效。相反,我国传统的生态管理智慧源远流长,其核心理念包括生态共生、自然平衡、循环利用等,仍然能为当代生态设计提供宝贵的经验和启示。

1. 生态文化管理

生态文化管理以维护生态平衡为宗旨,通过文化禁忌、民间信仰、传统风俗等规训、劝诫、教化等方式,培育大众的生态价值观,制约破坏生态环境的不良行为,引导大众形成自觉的生态环保意识、生态风险意识。例如,高椅古村传说为"五龙"之地,村民将村道所铺设的石板称为"龙鳞",村北的大山称为"后龙山",实则是以"文化禁忌"之名震慑村民,防范破坏道路与森林的行为发生。从文化管理的角度来看,高椅村村民在心理上受制于隐性的文化禁忌,从而在显性的行为中表现出了对自然的敬畏。此外,民俗信仰也是高椅村生态管理的有效文化力量。如侗族传统将杉树视为"神"的化身,每逢节庆村民都祭拜村中心的"神树"巨杉,并通过栽"子孙树"、给树拜年等仪式设法同自然交好,以此表达对万物有灵的崇拜。这些朴素的民俗信仰中均深植了敬畏自然的意识规训,并内化在村民生活观念和行为方式之中[①]。

2. 生态资源管理

生态资源管理的目的是最大限度利用资源,维持环境的可持续发展。如在建筑营造、水资源管理等方面通过生态化调控手段,实现村落生态资源利用的最大化[①]。流坑古村地处江西抚州市乌江之畔。村民开挖了七口水塘组成龙湖,将乌江水引入塘中,利用自然高差成功将七口水塘向西呈层层跌落的态势,对水源层层净化。村民还将水体分成塘—渠—溪三级系统以便于管理,其中渠与天井庭院连接,自成一个微小的排蓄循环系统,通过天井汇集日常的雨水还可以供居民使用,生活废水再经排水暗渠流出庭院外至道路排水沟渠系统中。在科学环保蓄水排水系统和因势利导净水系统设计的协同下,实现了水资源循环管理。

另外,通过村规民约对生态资源进行管理,也是我国传统村落较为普遍的管理智慧。例如,规定村民在村内溪流中只能早上取水和淘洗食材,上午洗涤衣物,下午才能清洗污物。这种分时管理措施可以有效避免下游水源被污染,从而保障了村民的健康与节约用水。

这些极具内涵的传统生态设计管理智慧为当代"生态宜居"环境的建设提供了有价值的借鉴。

二、现代生态设计管理模式

生态设计管理理念不仅关注环境生态性能,还涵盖了从产品的概念阶段到

---

① 朱力,张嘉欣.高椅古村人居环境生态管理探析 [J]. 装饰,2019(11):132-133.

使用和废弃处理的整个生命周期。生态设计管理模式涵盖了多种方法和策略，以应对当今复杂的环境挑战并促进可持续发展。

1. "引擎式"的生态云计算管理模式

云计算是通过互联网提供计算资源和服务的一种数字化技术，其不仅能够提高数据分析处理的效率，还能促进跨部门、跨组织的协作，提升生态设计的整体效能，在生态设计管理中发挥巨大的作用。西门子作为全球领先的技术公司，为了实现可持续发展目标，广泛应用云计算技术进行生态设计管理。其搭建的云平台 MindSphere 是基于云计算的开放式物联网操作系统，能够实现数据的集中存储和管理，同时降低 IT 基础设施的成本。西门子的各个业务部门和合作伙伴通过 MindSphere 平台共享数据，促进了跨部门和跨企业的协作，优化了资源管理和环境保护策略。首先，通过远程监控与管理，西门子公司可以远程监控其全球范围内的设备和系统。例如，可以实时监控风力发电机的运行状态，优化发电效率，减少维护成本和环境影响。这种远程管理不仅提高了运营效率，也显著降低了维护和管理成本，同时增强了应对突发事件的能力。其次，利用云计算平台在产品设计阶段通过模拟和数据分析来减少材料使用和能耗。不仅降低了生产成本，还显著减少了环境负荷，实现产品全生命周期的生态管理。再者，通过跨部门协作与创新，公司内部各部门之间的协作通过云计算平台得到了促进。例如，研发部门可以与生产部门实时共享设计和测试数据，加速产品开发和改进。还能够与外部合作伙伴（如供应商、客户）进行数据共享和协同创新，共同推动生态发展项目。未来随着科学技术的不断进步和深入，云计算将在生态设计管理中发挥更大的作用。

2. "联动式"的生态大数据分析管理模式

大数据分析是现代信息技术核心工具之一，在生态设计管理中具有强大的潜力。这一技术通过对海量数据进行收集、存储、处理和分析，可以优化企业和组织的设计决策。通用电气（General Electric，GE）作为全球知名的多元化工业公司，在生态设计管理中早已应用了这一技术。一方面，大数据分析强调数据收集与分析预测，利用各种传感器和物联网设备，实时收集其全球运营设备的数据，包括发电设备、航空发动机、医疗设备等设备的运行状态、能源消耗、排放数据、维护记录等，然后将这些数据整合到专为工业互联网设计的云平台 Predix 上进行处理和分析，可以实时监控设备的运行状态和环境影响。如 GE 的风力发电机在全球范围内实时传送数据，平台分析这些数据后，优化发电效率并减少维护成本。通过分析历史数据和实时监控数据，预测某台风力发电机可能出现的故障，提前安排维护，避免突发停机，减少环境灾害。另一方面，运用大数据分析优化产品设计，实现资源优化与协同管理。GE 利用大数据分析模拟各种设计方案的性能和环境影响择取最佳方案，还通过分析设备的运行数据优化运营策略。如通过分析风力发电机的运行数据后，GE 调整发电机的运行参数，提高了发电效率，减少了能耗和排放。此外，通过分析供应链数据，优化了原材料采购和物流管理，减少了资源浪费和环境影响。大数据平台能够与供应商共享生产和运输数据，共同优化生产计划和物流路线，降低碳足迹。另外，利用大数据分析还可进行产品的全生命周期环境影响评估，通过分析从原材料采购、生产制造、使用维护到废弃处理的全生命周期数据，评估产品的环境影响，制定减排和节能措施。

大数据分析技术在生态设计管理中发挥着重要作用。通过上述案例可以看出，大数据分析帮助企业收集和整合数据，进行实时监控和预测分析，优化设计和运营，提升供应链管理和客户反馈处理能力，实现全生命周期的环境管理。

3. 其他生态设计管理模式

生态系统服务（ESs）框架。这是一种综合性的管理模式，旨在评估和量化生态系统为人类社会提供的各种服务和利益[1]，是对生态学、经济学和社会学等多学科知识的整合。通过生态价值评估、生态系统估价、生态系统账户等评估方法和工具来量化生态系统服务的价值，并对生态系统服务进行跟踪和管理，是一种综合性、科学性和实用性的生态管理模式。

生态补偿机制。作为以市场化手段来保护和修复生态系统的一种管理方法。通过建立生态补偿市场，对生态系统服务的提供者进行经济奖励或补偿，从而激励他们保护和改善生态环境，可以有效调动社会各方参与的积极性，实现生态环境保护的市场化、多元化和可持续化。

生态规划管理。基于生态学原理和设计理念，强调绿色基础设施、生态网络和景观连接，最大限度保护和增强生态系统功能，实现人与自然的和谐共生。这一模式注重通过合理布局和规划设计，复原和重建生态系统，最大限度减少对生态环境的干扰和破坏，是一种注重整体性和系统性的前置生态管理方法。

三、生态设计管理的未来趋向

当下全球环境问题日益凸显，生态设计管理作为一种重要的可持续发展

---

[1] 杨春，谭少华，陈璐瑶，等. 基于 ESs 的城市自然健康效益研究：服务功效、级联逻辑与评估框架 [J]. 中国园林，2022，38（7）：97-102.

策略正受到越来越多的关注。未来的生态设计管理需要在传统智慧与现代技术、可持续性和创新性之间取得平衡，以应对日益复杂的环境挑战并满足社会需求。

未来的生态设计管理应注重全生命周期管理。一方面，设计师需要意识到产品的环境影响不仅局限于生产过程，还需要综合考虑整个产品生命周期的可持续性，并通过全生命周期评价（LCA）等方法全面管理产品的环境足迹，积极融入共享经济和循环经济理念；另一方面，积极推动科技创新和数字化转型，对生产效率、产品质量、资源利用进行管控；同时，加强产业合作和全球合作管理，需要与供应链伙伴、政府部门、非政府组织等共同努力，制定和实施可持续发展的战略和管理计划。世界经济论坛通过组织全球产业发出合作倡议，推动各国政府、企业和非政府组织共同合作，共同应对与管控气候变化和环境污染等全球性问题。同时通过共享信息和资源和技术，各方可以共同制定管理方案，促进全球可持续发展目标的实现。

未来的生态设计管理是"全息式"的，不仅需要通过全生命周期管理、共享经济和跨产业合作等管理方式，也需要结合传统的生态管理智慧，实现生态环境保护和经济发展的多赢。

第三节 "竞逐式"生态设计时尚

"生态""低碳""绿色"在当下可谓时尚名词，渗透于人们的衣、食、住、行各个方面，任何设计加上这些主题就似乎就戴上了时尚的"光环"，跟上了时代的潮流。生态设计时尚是生态设计理念与消费市场的深度结合，是体现和引领社会群体生态意识的风向标，不仅标榜设计主体注重环保材料、循环利用、低碳排放等理念，也反映了广大社会群体生态意识的觉醒。消费可以促进生态设计时尚；反之，生态设计时尚也可以引领消费，为经济发展与生态平衡作贡献。

一、生态设计时尚的深层追问

加布里埃尔·塔尔德（Gabriel Tarde）认为，人们在社会交往中往往通过模仿他人的行为来获得社会认同和归属感。时尚是一场社会大众反复模仿精英阶层人士的"竞逐式"游戏。部分精英阶层将生态视为一种时尚，并通过高品质的生活方式和个性化的追求彰显其地位。大众阶层往往对其社会地位和身份有着高度崇拜，通过效仿精英阶层以期获得相应的身份认同。然而，精英阶层拥有其个性化的审美品位和生活方式，为了享受其个体存在的独特性且避免被广泛效仿，他们不断创新，不断更新自己的生态时尚追求。在这一"竞逐"的过程中，时尚设计围绕其"古"与"今"和"旧"与"新"的不同面目不停地进行更替和流转，当其保持一定的稳定而持续存在时，无形之中便成为一种新的设计时尚，引领着社会潮流的发展。由此可见，精英阶层是生态设计时尚的引领者。

然而，时尚产业却是全球污染最为严重的行业之一，快速更替的时尚趋势导致大量资源消耗和废弃物产生。部分大众阶层为了效仿精英阶层的时尚选择，购买廉价的仿制品或追随"快时尚"品牌来满足自身的虚荣心理。当下的"快时尚"品牌通过低价格、高产量来满足大众消费者日益变化的消费需求。与此同时，设计创新成为"时尚"模式的竞技，滥用传统文化符号与西方设计符号[①]。设计师成了商人，只追求设计过程中的超额利润，却遗忘了自身所应承担的社会责任。这一系列的行为不仅没有缩小社会地位的差距，反而滋生了反生态的消费行为，在一定程度上助长了"伪生态"设计时尚的发展，给生态环境造成了极大压力。

二、"伪生态"设计时尚辨析

啄木鸟被人类视为益鸟，对控制虫害和维护森林生态平衡具有积极作用。然而，若森林中的啄木鸟数量超过某个阈值，则有可能益处变害处。例如秋冬季节，当昆虫数量减少时，啄木鸟会对树木采取"刮骨"觅食，对树木表皮造成的伤害甚至超过虫害本身，其对森林的破坏可能会超过其所带来的益处。"生态设计"与"伪生态设计"正如啄木鸟与森林之间两极反转关系。真正的生态设计不是追求表面的生态，而是从全生命周期的角度深入考量人类活动与自然环境的和谐共存。遵循自然生态与人文生态的协调发展的主旋律，是自然生态、社会生态和精神生态设计三者之间"全息式"的有机融合。而"伪生态设计"是迎合生态时尚而出现的短视行为，它徒有生态其名，实则是非生态，

---

① 朱力. 环境设计伦理[M]. 北京：中国建筑工业出版社，2023.

甚至是反生态的。在一定程度上违背了自然规律和生态系统的原则，同时也对当下的生态文明建设造成了负面影响。

生态学家奥尔多·利奥波德（Aldo Leopold）在《沙乡年鉴》中引导人们"像山那样思考"，揭示了人类种种短视行为背后所隐藏的自然破坏行为和生存危机。这种"短视行为"在本质上类同于"伪生态"行为，忽略了生态系统的复杂性和生物的多样性，为追求眼前利益而导致了不可逆转的生态恶化后果。

当下"伪生态"设计时尚越来越多地出现在人们的生活中，打着生态的噱头博人眼球。例如，使用棉麻等自然材料以"生态"之名推销产品，是时尚行业中常见的一种营销策略，品牌商通常宣称这些材料具有可生物降解、环境友好等环保优势。然而，整个生产链的其他环节，如加工、染色、运输等往往也是生态压力的重要来源。因此，仅靠材料的自然属性来判断其生态性是不够的，若整个生产和供应链其他环节没有采取真正的环保措施，最后的产品就可能属于"伪生态设计"。再如，某些包装设计利用当下流行的极简视觉元素提升商品的档次，以自然的色彩营造一种生态环境友好的假象，使商品走向"面子工程"，如使用大量白色或绿色、简洁图形、与生态相关的"环保"或"100%可回收"等标语，进而吸引对环保有追求的消费者。尽管其外观上显得高档且环保，但其在材料的选择、生产过程或可回收性方面，实则与传统包装无异，更不具备实际的生态可持续性，是一种为诱导消费而生的"伪生态"设计营销。

在中国当代城市环境建设中，常常把"生态城市""山水城市""园林城市"当成追求的时尚。一些城市打着"生态设计"的时尚口号，却采用非生态的方式进行着"破坏性"建设，制造了许多视觉奇观，却缺少真正的生态性能。花岗石、大理石等天然材料铺设而成的硬质地面看上去"生态""高档"，却阻止了雨水渗入土壤；从国外引进的草坪确实赏心悦目，但要耗费大量的水，吸尘降噪的效果也不理想。误以为"绿化"就是只给城市环境人为增添"绿色"，却导致栽种植物只选绿色，而不考虑其与城市特定环境和当地生态圈的适宜性。人们常常误认为自然界生长的野生植物没有审美价值，结果不少城市园林部门一方面花费大量资金人工栽种植物，另一方面又花大力气毁掉野生天然植物。为了所谓"绿地率"的提高，所进行的设计只是"美化"与"增绿"行为。再加上对西方园林文化的盲目崇尚，无视基地原有的地形地貌与地域性植被，一律采用平整土地进行园林草坪造景，甚至还为了所谓的"美观"，采用不适宜本地气候的植物打造所谓的"异域风情"[①]。这类看上去"生态"的人工环境已成为生态进一步恶化的帮凶。

有些城市为了治理洪涝灾害，以河岸"渠化"为主要设计手段，再加上城市道路、广场硬化的建设措施，以及城市排水系统设计过时，因此并未缓解城市内涝灾害[②]。上海临港片区南汇东滩湿地，作为"沿海防护林体系"之一的植树造林项目工程，原本存在的意义是为加强沿海防护，却因缺乏科学规划设计和生态考量，珍贵的天然湿地被改造成人工杉树林。这种"绿色荒漠"现象因生物多样性极低、生态功能单一，不仅未能发挥湿地的多重生态功能，还破坏了原有的生态平衡，引发了社会各界的质疑和反思。

生态设计时尚应关心人类生活是否与自然界本真状态和谐，引领社会群体提升生态意识与积极的生态行为。用伪生态、反生态的设计方式，只会危害人们在"生活世界"存在的真实感受，是一种对真实生活的根本销蚀和替代。"伪生态"设计时尚是值得社会关注和深刻反思的问题，需通过政策规范、价值导向、技术革新和社会参与等多层面不断消除，以促进人与自然、人与社会、人与自我之间的良性生态关系发展。

三、我国生态设计时尚如何实现

我国生态设计的时尚理念和实践尚需进一步提升。推动生态设计时尚需要综合考虑环境影响和资源节约，从政策、教育等多个方面入手，形成系统性的推动机制。要打破时尚样式竞逐这一恶性循环，时尚的设计理念必须从源头上进行变革，需要倡导时尚设计应注重内在可持续性和长期价值，而不是短期的样式流行和快速更替。

首先，政策导向在打破这一循环中起着关键作用。政府应制定并完善相关的生态设计标准和法规，对各类设计设立明确的生态要求。通过严格的标准和认证体系，规范企业和设计师的设计行为。其次，通过财政补贴、税收减免等方式，对采用环保材料、节能技术的企业给予税收优惠，激励更多主体参与生态设计实践。此外，公众教育活动能够提升全民生态设计意识，向公众普及生态设计的基本知识和重要性。总而言之，实现生态设计时尚需要从设计理念、生产方式、政策引导和社会教育等多方面入手，实现时尚产业的绿色转型。

---

① 朱力. 中国当代城市环境的伦理批评[J]. 湖南师范大学社会科学学报，2008，37（4）：24-26.
② 朱力. 环境设计伦理[M]. 北京：中国建筑工业出版社，2023.

第四节 "全息式"系统生态设计

"全息（Holography）"是一个古老而年轻的概念。许多宇宙学思想和精神传统中都包含全息式的想法，即便它们不一定使用"全息"这个词语。我国古代经典《黄帝内经》指出，人体的脸、舌、耳、手、脚等部位具有全身五脏六腑的缩影，是密不可分的"全息"整体系统构成。物理学家丹尼斯·加博尔（Dennis Gabor）于1948年发明的全息照相术，后发展成为影响广泛的全息理论，"全息"是一种宇宙中普遍存在的现象，即事物的部分与部分、部分与整体之间具有相同的信息或信息较大相似程度[①]。"全息"一词在不同领域有着不同的含义，在物理学中通常指全息技术，即利用干涉和衍射原理记录和重现真实三维物体的光场信息的技术。而在哲学和系统科学中，"全息"则被用来形容一种思维方式，强调整体性和非线性的关系，其每个部分都以某种方式反映着整体系统状态。

现代全息理论之父大卫·乔瑟夫·博姆（David Joseph Bohm）以及丹娜·左哈尔（Danah Zohar）等学者运用量子物理思考意识思维与管理方法，形成量子思维的新的科学世界观和思维方式[②]。物理学界的"量子纠缠"理论是"全息式"状态的较好诠释，世界的本体存在犹如一种量子全息状态，在不断地"互动""联系""纠缠""链接""依赖"中共同构成了生态系统。覃京燕教授认为，当代各方面技术的演进，重塑了人类自然生态与人文生态的关系，以人类为中心的设计方法，已经远远不能应对全息生态系统共荣、共生、共存的复杂多变的关系[②]。"全息"是世界存在的方式，是非线性而有序的全面系统思维。"全息"生态设计是全息思维在生态系统发展中的应用。

一、系统生态设计的延续与发展

1. 系统生态设计的演进

"全息"系统生态设计（Holographic System Ecodesign）是一种在设计过程中综合考虑环境、经济和社会因素的方法。它不仅需关注主体本身的生态性能，还考虑其在整个生命周期中的生态影响以及与其他系统的相互作用，是实

[①] 王本陆. 全息教育测量学初探 [J]. 理论学刊, 1988（4）: 37-39.
[②] 覃京燕. 量子思维对人工智能、大数据、万联网语境下的交互设计影响研究 [J]. 装饰, 2018（10）: 34-39.

现"全息"生态设计（Holographic Ecodesign）的重要途径。其核心理念是通过系统化的思维和方法，实现资源的高效利用和环境负荷的最小化，并推动可持续发展。系统生态设计并非一种全新的概念，早期社会的人们看待世界已然具备整体性的思维。勒内·笛卡尔于17世纪提出了分析思维的方法，将复杂的现象拆解成碎片，再通过各个部分的特性来理解整体的行为[1]。换言之，这种系统观注重的并非以局限或孤立的方式把握对象，而是强调事物之间的普遍联系及统摄全局的方法。20世纪初，路德维希·冯·贝塔朗菲（Ludwig von Bertalanffy）提出了一般系统论概念之后，成为航空、通信、军事等领域逐渐广泛应用系统工程的方法。系统设计理论最初的工作方式是从单一主体设计开始的，这显然与大规模生产的模式有关。然而，设计并未整体看待生产与消费的系统问题。随着系统思想与设计学科的逐步发展，20世纪中叶，德国乌尔姆设计学院引入了系统论、符号学以及人机工程学等新学科，旨在推动新型现代设计方法学的发展。这也表明乌尔姆设计学院接纳了系统文化[2]。20世纪下半叶，西方的系统科学理论研究和教学工作得到了广泛传播，积极推动了系统性生态设计观念的发展。

进入21世纪后，系统科学作为新兴的交叉性学科，已经成为国际上科学研究的前沿和热点[3]。21世纪初，意大利的都灵理工大学就拥有完整的硕士课程体系，将生态可持续性与系统设计方法的教学与研究融为一体。加拿大的安大略艺术设计学院等也开设了与系统设计相关的课程，这些学校基于更为整体的系统设计视角，研究包含了更多的社会性要素，其边界和形式都是由系统参与者共同构建的[4]。目前，在生态设计中系统观的重要地位已得到广泛认可，成为一种基础性的认知，是当今生态设计研究的重要组成部分。

2. 系统生态设计的未来发展

随着可持续发展理念的不断深入，系统生态设计正成为生态设计领域的重要发展方向。其未来应是趋向结合技术创新、跨学科合作和公众参与设计等多方面"全息式"的整体性和系统化的发展。

（1）技术创新驱动系统生态设计

大数据分析、人工智能（AI）等数字化技术在系统生态设计中发挥重要

---

[1] CAPRA F. The Web of Life: A New Scientific Understanding of Living Systems[M]. New York: Doubleday.1996.
[2] PERUCCIO P P. Systemic Design: A Historical Perspectivel[M]. Turin: Umberto Allemandi, 2017: 68-74.
[3] 刘新, 莫里吉奥·维伦纳. 基于可持续性的系统设计研究[J]. 装饰, 2021（12）: 25-33.
[4] JONESP. The Systemic Turn: Leverage for World Changing[J]. She Ji: The Journal of Design, Economics, and Innovation, 2017, 3（3）: 157-163.

作用。新加坡正在应用物联网和大数据技术实时监测城市环境和基础设施的运行状态，有效地优化了能源使用、水资源管理和交通系统。此外，新材料和先进制造技术的发展推动了系统生态设计的创新。荷兰生物基创造（Biobased Creations）工作室使用生物基材料建造住宅，不仅减少了碳足迹，还提升了建筑的健康性能。此外，注重综合能源系统的设计和优化，包括可再生能源的集成和分布式能源系统的应用。通过系统化的能源管理，实现能量的高效利用和碳排放的最小化。德国的弗莱堡市通过建立分布式能源网络，结合太阳能、风能和地热能，实现了城市能源系统的可持续发展，成为全球可持续城市的典范。

（2）群体智慧促进系统生态设计

"全息式"系统生态设计离不开公众的广泛参与和支持，数字时代的设计方式由"设计师设计"转向汇集群体智能的"群智设计"[1]。在设计过程中广泛吸纳公众的意见和建议，增强了设计的包容性和社会认可度。公众参与不仅提高了设计的科学性和合理性，还增强了公众的参与感和责任感。日本"富士市社区生态项目"通过公众参与和社区教育，提升了居民的环保意识，推动了社区生态项目的实施，改善了社区的生态环境和生活质量。英国的"伦敦社区花园项目"通过公众参与、设计和共建社区花园，提升了社区的生态环境质量，增强了居民的社区归属感和参与感，成为系统生态设计与社区建设结合的成功范例。

总之，"全息式"系统生态设计作为生态设计领域的重要载体，正迎来技术创新、跨学科合作和公众参与等多方面的发展机遇，将在未来实现更广泛的应用和更深远的影响。

二、系统生态设计思维及原则

1."全息式"系统生态设计思维

"全息式"系统设计思维是一种分析和解决复杂问题的方式，强调理解和应对系统的整体性和相互关联性。它尊重差异、倡导多元要素的系统协同合作，是构建全息式"生态场域"的关键。在生态设计中系统思维尤为重要，因为生态系统和人类社会都是复杂的、相互依存的系统。系统思维的核心理念是将问题放在一个整体系统中进行分析，考虑各部分之间的相互关系和动态变

---

[1] 罗仕鉴. 群智设计新思维 [J]. 机械设计, 2020, 37（3）: 121-127.

化，而不是孤立地看待单一问题或要素。它是一种从整体出发的方法，帮助我们理解系统的结构、行为和演变，具有以下原则：

（1）整体性原则。系统设计思维要求设计者具备全局视野，理解系统的各个组成部分及其相互关系。如在智能交通系统设计时要综合考虑交通工具、基础设施、管理系统和用户行为等多个因素，进而减少能源消耗和增强交通安全。

（2）动态性原则。系统设计思维的动态性是指要关注时间维度上的演变和变化。设计者通过考虑系统生命周期，预测和应对系统可能面临的各种变化和挑战。如在产品设计中，设计者需要考虑产品的整个生命周期，从原材料获取、制造、使用到废弃处理，通过全生命周期的管理，实现资源的高效利用和环境影响的最小化。它还体现在鼓励设计者具备适应性，在系统变化中不断调整和优化设计方案，不仅能够提升系统的灵活性，还增强了系统的可持续性和抗风险能力。在应对气候变化的建筑设计中，设计者通过采用适应性设计策略，如可调节的建筑结构、可再生能源系统和高效的能源管理系统，使建筑能够适应不同的气候条件，提升建筑的生态可持续性。

（3）反馈循环原则。系统设计思维强调通过持续监测和评估系统，建立有效的反馈机制，适时调整和优化设计方案。例如，在智能建筑管理系统中通过传感器和监控系统实时监测建筑的能源使用、环境质量和设备运行状态，及时反馈和调整设计策略，提升建筑的运行效率和用户体验，进而通过不断地反馈和调整实现系统的持续改进和优化。

"全息式"系统生态设计思维是解决复杂生态问题的创新方法，设计师可以更好地理解和解决复杂的环境问题，提升设计的整体生态价值和社会影响力。

2. 系统生态设计的必要性

"全息式"系统生态设计不仅是一种综合考虑环境、经济和社会因素的设计方法，还关注整个系统的协调和优化，追求整体生态效益的最大化。随着环境问题日益严重，传统的设计方法在解决复杂生态问题方面显得力不从心。因此，系统生态设计应运而生，通过"全息式"的系统思维和方法，将自然生态设计、社会生态设计、精神生态设计"三态和合"，以期更全面地应对日益复杂的生态问题。

（1）当下生态环境的现实诉求。首先，当前全球自然资源的消耗速度远超其再生速度。以往的设计在资源利用上往往注重短期利益，忽视了长远的可持续性需求。其次，工业化和城市化进程带来了严重的环境污染问题，如空气污染、水污染和土壤污染等。以往的设计更关注产品的单一功能和成本，并不太注重生产和使用过程中对整体环境的影响。此外，森林砍伐、过度捕捞等人类活动导致生物多样性急剧丧失，人类的贪欲破坏了生态系统的稳定性。针对上述环境破坏的现实问题，全息式系统生态设计方法是对脱离这一困境的有效回应。

（2）系统生态设计方法的有效性。系统生态设计采用"全息式"思维，强调从整体出发，考虑各部分之间的相互关系和动态变化。传统设计方法往往以线性思维为主，缺乏对系统的整体性考虑。两者在理念、方法和实践等方面存在着明显差异。

①设计理念差异。传统设计方法通常侧重于功能、美观和经济性，以满足市场需求和客户期望为主要目标，往往以单个产品为中心，忽视了产品与环境之间的相互作用和影响。而"全息式"系统生态设计注重将生态学原理融入设计过程，强调产品与生态环境的互动关系和生态系统的整体性。融合自然生态与社会生态的设计过程，不仅应考虑产品对环境的影响和生态系统的稳定性和可持续性，还应关注人类社会行为组织对环境的影响。

②方法论差异。"全息式"系统生态设计采用系统思维和跨学科的设计方法，强调整体性和综合性，设计时将各种因素纳入考虑，从全生命周期的角度出发，对产品的设计、生产、使用和废弃等各个环节进行综合分析和优化。而传统设计方法通常采用线性思维和单一专业的设计模式，容易陷入顾此失彼的窘境。而系统生态设计则更加注重产品的全生命周期的管理，通过如生命周期评价（LCA）和环境影响评价（EIA）等方法，对产品的环境影响进行全面评估，为产品的整体设计和改进提供科学依据。

③实践方法差异。传统设计方法往往采用单一技术和材料，难以满足不同需求和环境的变化。系统生态设计则倡导多样化和灵活性，通过采用多种技术和材料，并结合人类社会行为组织，借助社会力量实现产品的多功能性和适应性，注重社会环境与自然环境的融合，尊重生态系统的规律。传统城市规划设计方法往往以开发为主导，忽视了城市居民的行为与自然环境的关系。而"全息式"系统生态设计则更加注重社会与自然环境的融合，如通过绿色基础设施、生态廊道和城市生态网络等自然生态手段和社区生态文化建设等方式，实现城市的可持续发展和生态保护。

④成果评价差异。"全息式"系统生态设计注重产品的全面性能的评价，包括环境性能、经济性能和社会性能等多个方面。在设计过程中也注重考虑产品的生态足迹、资源利用效率和社会责任等因素。然而，传统设计方法往往以

产品的功能为评价标准,忽视了产品的环保性能和社会效益的协同。

相对于传统设计方法,"全息式"系统生态设计更加注重自然生态与社会生态的保护和资源的可持续利用,具有更高的科学性、综合性和创新性。

三、系统生态设计实践

"全息式"系统思维能够帮助设计者理解生态系统的结构和功能,并从整体的角度去考虑设计方案的影响和结果。以下设计实践案例是"全息式"系统生态思维的具体体现,有助于研究者更好地理解生态系统的演变规律和关键节点。

1. 系统生态设计之"空间图式"理论实践

高椅村整体保护项目旨在实现村落物质文化遗存、非物质文化遗产及其依赖环境空间的全方位可持续活化传承。高椅村地处怀化市会同县北部,先后被评为中国传统村落、中国历史文化名村、中国少数民族特色村寨等。高椅村的改造实践基于整体性、综合性的空间图式理论,针对村落这一空间系统在新时代语境中所面临的生态环境杂乱、民居形态无序、转型发展茫然等一系列窘境,从村落布局、街巷结构、水体系统、民居形制、文化空间等空间要素切入,提出了三大系统性设计策略:其一是景观环境图式耦合,通过协调建筑、道路、功能区的结构关系,将高椅村原有的空间结构与现代发展的功能需求互为耦合;其二是民居类型图式转译,不仅关注修缮文物建筑和历史建筑,同时结合村民真实居住诉求,提升居住环境质量,也促使民居整体风貌协调;其三是文化空间图式激活,将村落非物质文化遗产结合公共空间作为文化资源并植入新业态,促进了非物质文化遗产与当地产业的深度融合[1]。随着系统性设计的逐渐落地,有力地促进了村民收入的大幅提升,高椅村取得了良好的社会效益、经济效益和生态效益。

2. 系统生态设计之"生态循环"参与式实践

瑞典斯德哥尔摩的皇家港零碳社区项目是一个典型的城市系统设计案例。该项目将能源、水和物质的流动纳入整体系统,成为一个开放性系统与城市相连。皇家港项目的成功实施得益于大量的基础性工作和广泛的利益相关人参与。实施过程中,通过进行生态循环系统实验,建立了管理、指导和确保高质

---

[1] 朱力,唐粤.基于空间图式的传统村落整体保护设计研究——以高椅村为例[J].装饰,2023(9):132-135.

量完成的工作方法，组织利益相关人参与项目，制定了多样混合的城市功能、便捷绿色的城市交通、循环高效的资源利用，以及环境友好的蓝绿空间系统四项措施。其中，项目中生态理念的建筑物、废弃物循环再生系统、基础设施的重复利用、雨水收集系统、智能电网、智能物流枢纽，以及自给自足的能源系统等系统生态设计策略，这些值得着重关注。这种基于自然的生态循环模型充分体现了参与式设计理念，对未来生态城市的发展具有借鉴意义。

3. 系统生态设计之"生态柔性"设计实践

当下城市化发展边缘的农村面临日常生产生活污水、垃圾等造成水环境污染的困境，探索生态、环保、节能等多维乡村雨水"生态柔性"改造的技术应用尤为重要。首先，调整弹性路径以适应多元实践。在农村建设中，针对不同地形条件采取不同的水域形态设计，如山地地区可以利用溪流和小型水库，而平原地区则可以建设湿地和人工湖泊。其次，恢复乡村本体水生态系统。农村地区常面临水资源短缺和水污染等问题，可以通过梳理雨水汇水路径、建设雨水收集系统和水文工程设施改善农村的水环境。此外，农村道路通常是雨水径流的主要来源之一，容易导致洪涝灾害和水质污染。因此，设计蓄水池、雨水花园和透水路面等减少雨水径流对周边环境的影响。同时，设计生态循环展示空间，便于村民学习如何进行雨水管理与排水处理等。通过调动村民的积极性与提升生态意识，能够有效促进农村生态环境正向发展。

值得注意的是，生态韧性（Ecological Resilience）在城市规划与设计中至关重要，强调增强城市生态系统的适应能力和恢复能力，以应对气候变化和极端天气事件。荷兰鹿特丹市（Rotterdam）的"水广场（Water Square）"项目是一个典型的生态韧性设计案例。该项目处于低洼地区，长期面临雨水管理的挑战。随着气候变化，极端降雨事件增多，城市的排水系统压力不断增大。为了解决这一问题，提出了"水广场"项目，其核心设计理念是将公共空间与雨水管理功能相结合。广场在正常情况下是一个社区活动空间，分为运动场、游乐区和休闲区。当发生强降雨时，广场的设计使其能够临时储存雨水，防止周边区域的内涝。雨水通过设计好的排水系统汇集到广场低洼区域，随后逐渐渗透或排入城市排水系统。此外，为了增强生态系统的韧性，广场内种植了多种适应湿地环境的植物。这些植物不仅美化了环境，还通过自然的净水功能改善了雨水质量。多样化的植被提高了区域的生物多样性，增加了生态系统的稳定性和恢复能力。通过创新的生态韧性设计，将自然生态与人文生态相结合，不仅解决了城市内涝问题，还为社区提供了多功能的复合公共空间。

由于生态设计项目实施时间较长，利益相关参与者较多，所以经常会遇到来自文化、社会与经济等方面的阻力。"全息式"系统生态设计能帮助项目处理社会、文化、环境、经济等系统中相互交织的复杂问题。当下，系统性生态设计的理论与概念还在不断地更新迭代，因此，未来需要更大范围的、更多样化的设计实验，以进一步完善系统性生态设计理论与方法。

简言之，社会创新设计、生态设计管理、生态设计时尚与系统生态设计在推动社会生态发展的过程中互为补充，共同构建了一个全面、有效的"全息"生态设计体系。这四者的结合，为提升社会生态环境提供了重要保障。

第四章 精神生态：设计之境

个人怎样对待外部自然、他人与社会，也会如此对待自我。

德国存在主义哲学家卡尔·西奥多·雅斯贝尔斯（Karl Theodor Jaspers）认为，人就是精神，而人之为人的处境是一种精神的处境[①]。精神代表了人类意识、思维及其他心理活动和状态，被视为物质运动的最高表现形式，是符号化了的现象世界[②]。它不仅是个体心境的状态，也是与外部环境和社会互动的结果，还是个体与世界相互作用的产物。生态危机的深层原因是人的精神危机，自然生态困境源于人内在精神生态的失衡，其缓解的重要途径在于精神生态设计的回归。

鲁枢元教授提出，必须重视人的生存状态包括人的"自然生态"和"精神生态"，尤其是人的"精神生态"[③]。他从自然生态、社会生态、精神生态三个层面建构起其对精神生态的全面理解，认为人是社会性、生物性和精神性的存在，并强调"自然生态体现为人与物的关系、人与自然的关系，社会生态体现为人与他人的关系，精神生态则体现为人与他自己的关系"。人们在物欲横流的社会中逐渐迷失了自我，这种趋势更深层次地揭示了生态危机对人类精神领域的侵蚀。

精神生态是设计追求的崇高境界，是关乎设计价值观的自省，是平衡人类欲望与外部自然资源、社会资源的内在心态。为自然生态、社会生态的设计提供了持续的内驱力和积极的审美观、伦理观。精神生态设计与人的生理、心理和心灵密切相关，给人类带来了积极、健康的"隐性"精神影响，以精神性存在的人与其生存的环境之间的相互关系为研究对象，关注人的价值观念、信仰体系等与自我意识之间的关系，旨在促进人的心理健康，提升人的精神生活品质，实现人类真正的诗意生存。

第一节 精神生态与疗愈设计

随着社会生活水平逐步提高，人们对健康的理解也日益发生变化。健康

[①] 雅斯贝尔斯. 当代的精神处境 [M]. 黄藿，译. 北京：生活·读书·新知三联书店，1992.
[②] 王丽君. 城市景观艺术设计与精神生态 [M]. 北京：中国建筑工业出版社，2013.
[③] 鲁枢元. 我与"精神生态"研究三十年——后现代视域中的天人和解 [J]. 当代文坛，2021（1）：4-18.

不再仅指没有生物医学上的疾病，它还涵盖了身体、心理和社交适应等多方因素，是一种在生理、精神以及社会幸福感等多方面达到完美水平的状态[①]。人类精神作为地球生物圈中的一个变量，正在发挥越来越重要的作用。拯救自然界的生态灾难首要健全人类自己的精神生态。疗愈设计能为人类身体健康和情感福祉创造积极作用的物理环境载体，是实现精神生态的重要途径。

斯蒂克勒（Stichler J F）曾将疗愈环境的定义延展为不仅关乎康复（Recover）和治愈（Cure），还应当关注于帮助患者适应（Adapt）和养护（Care）[②]。传统医疗环境注重恢复身体损伤，而疗愈环境则强调通过创造特定的空间氛围和品质，在情感、心理、社交和行为等方面提升人的整体健康状态，激发人们追求健康的内在愿望，促使其在这些场所进行身体和心灵疗愈的探索与实践[③]。

人类不仅是自然性和社会性的存在，还是精神性的存在。一方面，当今社会长时间的工作压力、快节奏生活方式以及频繁信息刺激给个体带来了高度竞争压力和心理负担，导致了焦虑、抑郁和其他心理亚健康问题的增加；另一方面，当前激烈的社会竞争简化了人们的精神生活，物欲文化不仅对自然资源带来了无限的掠夺，还对人们的健康心态造成了严重侵害，引发了人性扭曲、精神世界抽空、信仰丧失、人与人疏离等"精神污染"问题。生态危机正在从自然领域、社会领域逐渐侵入人类的精神领域，让其一步步走向心理病态的深渊。因此，疗愈设计关注现代人的精神状态、生活方式、行为模式及其与环境的矛盾冲突，旨在以引导式"心理舒缓"在高消耗的现代社会中缓解各种外界和个体自身压力，改善隐性心理问题，远离精神生态失衡，从而为精神生态保护提供内驱力。

美国实验心理学家詹姆斯·杰罗姆·吉布森（James Jerome Gibson）提出了生态知觉理论，并强调人类的生存适应。吉布森认为，知觉反应是人的先天本能，感知觉是集体对环境进化适应的结果，环境是一个有机的整体过程，人感知到的是环境中有意义的刺激模式而不是分开的孤立刺激。感知是人类与环境联系的基本机制，人的认知与现象环境间的契合点即为知觉。《道德经·十二章》"五色令人目盲，五音令人耳聋，五味令人口爽，驰骋畋猎令人心发狂"的表述中首次将感官与感觉并提[④]。中国古代有"六根"和"四境"的说法，将

[①] HUISMAN E R C M, MORALES E, HOOF J V, et al. Healing Environment: A Review of the Impact of Physical Environmental Factors on Users[J]. Building & Environment, 2012, 58 (16): 70-80.
[②] STICHLER J F. Creating Healing Environments in Critical Care Units[J]. Critical Care Nursing Quarterly, 2001, 24 (3): 1.
[③] 帕特里克·弗朗西斯·穆尼,陈进勇.康复景观的世界发展 [J].中国园林,2009,25（8）: 24-27.
[④] 赖贤宗.意境美学与诠释学 [M].北京：北京大学出版社,2009.

人的心、身、眼、耳、鼻、舌视为六根，把心、景、风、色归于四境，古人将感官视为修身养性之工具。亚里士多德在《论灵魂》等相关著作中提出了五感概念，他将身体上的感官分为五种，即视觉、触觉、听觉、嗅觉、味觉。人的五感是与周围事物建立联系的基础，其形成的知觉刺激可以唤起对事物的共鸣。因此，在疗愈设计中通过感官通道的连接与叠加可以打破感知的局限性，同时引起多种感官的刺激，使精神生态变得愈发有层次和深度。

当下人们生活在高压力的环境中，对于建筑的诉求不再局限于传统的实用、经济和美观等方面，而是寄托了空间场所对疗愈身心的更高期待。例如，斯坦福大学建造了名为"茶隼（Windhover）"校园冥想中心，该中心周边由葱郁的橡树林围绕，如置身于山野一般，被视为将艺术、景观和建筑统一的"秘境"。这座建筑通过一个长长的私人花园进入并被高竹篱笆遮挡，使人进入建筑之前就可以远离外界的喧嚣和压力。其内部空间为访客提供了一个完美的隐秘角落，空间装饰以内森·奥利维拉（Nathan Oliveira）的沉思画作 *Windhover* 为核心，旨在为学生、教职员工以及社区成员提供全天候的安静思考和放松的空间，帮助缓解日常生活压力。

罗杰·S. 乌尔里希（Roger S. Ulrich）提出了"压力舒缓理论"，认为压力是人们在行为、精神和身体上应对各种挑战或者恐惧所产生的应激反应，并强调自然环境对人们情绪和生理均有积极影响，因此接触绿色景观可以起到舒缓压力的效果。康复性景观是为扩大服务人群和应用场景而创设的，是有助于人们身心健康和开展各项活动的综合景观环境。常常使用疗愈性自然元素可以令人缓解内心压力和烦恼，在一定程度上改善了人体机能状态并激发活力，起到疗愈心灵的正向效果。例如，墨尔本海德现代艺术博物馆的疗愈景观花园，设计师将其定位为以植物为主的迷人、有趣、令人沉思与恢复活力的宁静空间，将传统疗法、康复元素、可食用景观、艺术和娱乐空间相互融合。作为"幸福、生产、实验和感官放纵之地"，花园设计了一系列独特的空间，如带有自然芬芳的入口；提供丰富植物质感体验的厨房花园；具有水上娱乐项目的触觉游戏花园；具有草本特色的种植群；以及开满玫瑰的野生花园，这些设计让疗愈花园成为一个多感官综合空间，不仅满足了游客对自然的渴望，还通过多样化的五感帮助人们体验了身体、心理和社交的心灵愉悦感受。

生态文明时代的理想栖居方式可理解为"低物质损耗的高品位生活"，应强调"外求于物，不如内求于心"，强化人类与生俱来的艺术审美能力与精神信仰。精神生态中存在着不断循环的精神能量，其中最具充沛活力的是艺术感受。艺术是检验人类精神生态的内在标准，是精神境界的乌托邦。西方艺术疗愈的概念可追溯到亚里士多德的"净化说",如今已经在世界范围内逐渐成为艺术学、心理学以及设计学及其交叉学科的研究热点。如今,人们的情绪以及心理健康状态愈加需要得到广泛的关怀,而艺术本身由于其能自然地与人的潜意识进行互动的特点,也就成为对人的情绪和心理状态进行正向引导的有效工具之一[①]。美国学者苏珊·朗格在《艺术问题》研究中把艺术视作一种符号和形式,认为"艺术是人类情感符号形式的创造",与人类情感和生命形式是一致的。

公共装置被视为艺术符号化的重要形式,是实现疗愈设计情感化的重要精神载体。例如,魁北克蒙特利尔事务所汤姆·福伊尔(Thom Fougere)设计的嵌套循环(Nesting Loops)装置位于维多利亚海滩的森林步道沿线。该装置由七个不同大小的长椅组成,引导游客坐下来与周围的自然环境互动和交流。每个长椅均采用柔和的喷砂铝表面,通过材料捕捉并反射树叶投射的光线,营造出与周围自然环境动态互动的效果。这不仅增强了装置本身的视觉吸引力,还使人们更深入地感受到自然与人工构造物之间的和谐,给人带来了内心的平和,为游客创造了一个能够与自然深度互动和放松的疗愈空间。再如,克里斯·米尔克(Chris Milk)所创作的《圣堂的背叛》,交互装置艺术成功将动态的插画手法与人们之间的互动参与相融合,运用插画中黑白剪影的表现手法将插画剪影呈现于三块白色大屏幕之上,令观众产生强烈的肃穆感与震撼感。该装置的一大特色是在显示屏前设置了静谧水域,体验者可站立于水域的前端,通过红外探测感应产生各种"飞翔"的互动感受。当体验者站立在白色的巨幕前摆出伸展的姿态时,其影子会在瞬间幻化成无数鸟类,通过经历各个不同阶段的互动体验,参观者能深刻感受如同鸟一般自由自在展翅翱翔的感受,给人以心灵的慰藉和放松,从而获得心理舒缓和疗愈效果。

随着社会文化的创新需求与发展,艺术与科技的结合为精神疗愈设计带来了新的可能性。艺术家克里斯塔·金(Krista Kim)以数字媒介将禅宗意识状态融入艺术创作中,为人们的日常生活带来了宁静。她在时代广场的作品《Continuum 连续体》,将沉浸式影像与疗愈音乐相结合,并引入数字冥想这一全新体验,为观众营造出沉浸式影像观感。通过数字艺术视觉和听觉的呈现,观众被带入一个专注呼吸与冥想超观感的空间。将色调渐变、流动图像、柔和光线效果与背景音乐中舒缓旋律相结合,共同作用于观众的视觉和听觉感官,以帮助他们达到更深层次的放松状态。在此环境中,观众不是被动接受影

---

① 黄宇萌,张宏. 交互设计方法在艺术疗愈中的应用[J]. 设计,2024,37(8):44-47.

像和音乐，而是被鼓励主动参与其中，通过呼吸和冥想的技巧与艺术作品进行互动，用艺术带来了心灵净化和自我超越的精神状态。再如，数字媒体艺术设计团队 team lab 在中国上海的油罐艺术中心打造了一场名为"油罐中的水粒子世界"的主题性展览，该展览巧妙运用媒体技术并集视觉艺术、技术、音乐及空间展示于一体，给体验者以身临其境的艺术感受，展览现场中心放置了一个大型储罐模型和三个不同形状的水槽模型，其中两个可以转动，另一个则固定不变。为使参展观众获得强烈的视觉体验，巨大的油罐空间内的大瀑布从天而降，给参展观众造成了极具震撼的视觉冲击。在如此富含生命力的空间场景中，参观者可根据自身喜好进行沉浸式体验，从而产生身临其境之感，激发出其对大自然和生命的热爱之情，创造有利于精神生态发展的积极情感价值。

声音艺术是实现精神生态设计的重要语言，"声音"本身具有"乐声"与"噪声"的双重含义。例如，白噪声因其均匀且不突出任何特定频率的特性而被广泛用于多种产品和环境之中，在改善睡眠、集中注意力、减轻压力和创造舒适环境方面有很好的疗愈作用。当今，最常见的睡眠辅助设备如白噪声机及其应用程序为人们提供了多样化的声音选择，以帮助用户根据个人喜好选择舒缓的声音，有些设备甚至能自动调整声音类型和音量以适应环境噪声。白噪声系统在办公空间通过掩盖常见的办公噪声，如打字和对话声，以提高工作效率和降低焦虑情绪；医院和疗养中心则使用白噪声创造平和的环境，帮助患者在接受治疗时放松精神；很多新生儿的护理产品中也常运用白噪声功效，以模仿人体子宫中的声音来促进婴儿安稳入睡。再如，Collective Act 联合格莱美提名作曲家乔恩·霍普金斯（Jon Hopkins）等多个领域的专家打造了 360°"闭着眼睛也能体验艺术"的空间音频装置，其独特之处在于通过先进的空间音频技术，让参与者闭着眼睛也能完全沉浸在艺术体验中。有些装置还结合了全方位声场体验的"音疗"和同步照明的"光疗"，其频率与"阿尔法节奏"相符，为大脑提供放松的"节拍"以唤醒"共振"的深度疗愈。另外，维多利亚·亨肖提出的"嗅觉景观"在疗愈设计领域也得到了广泛运用。艺术与科技的深度融合，为受众带来了前所未有的全景式疗愈之旅。

"疗愈"动画设计打破了传统边界，使动画设计创意更能激发精神共鸣。例如，日本疗愈动画大师宫崎骏以深刻的人文主义思想和环境生态意识审视现实，追求万物共生之道。《风之谷》《天空之城》《龙猫》《百变狸猫》《千与千寻》等作品无不通过对人与自然、人与社会、人与自我的共生关系来表达生存与成长、爱与自由等主题，展现了深厚的人文关怀和对回归自然的本真追求。"共生"是宫崎骏动画中贯穿性的要素，与生态批评理论学派中的"生态整体主义观"高度一致,在体现"天地人神"共生哲学的同时也与生态美学理念完全契合。自然生态的毁灭始终伴随着人的精神生态失衡和神性尺度的消亡,所以"人心"这一精神因素才是挽救生态困境最重要的内驱力。人类需要通过自然生态、社会生态和精神生态的"共生"实现生态整体平衡。再如,游戏制作人陈星汉和凯莉·桑蒂亚戈(Kellee Santiango)联合创办了独立美国电子游戏公司Thatgamecompany,并研发了疗愈类社交冒险游戏《光·遇》,其设计初衷是让玩家在游戏的虚拟世界中进行互动和探索,每一帧游戏画面都搭配了色彩鲜艳且美观的插图,让玩家在操控游戏角色进行移动、飞翔和互动时情绪得以放松。在疗愈游戏的世界里,玩家有机会通过与不熟悉的人交往和沟通并建立深厚的友情,利用自己的好奇心进行无拘无束的冒险,为个体心灵带来安抚和舒缓,从而实现心灵治愈。

"疗愈"产品设计结合了设计心理学、环境生理学、人体工程学、生物力学等创造出满足人们在身体、心理或情感上获得舒缓或治愈效果的产品,以提升体验者的心理健康。心理学家兰斯·多德斯(Lance M. Dodes)认为,当我们产生情感上的无助和被情绪淹没的感受时,会产生巨大的焦虑。人们在面对焦虑时,会通过特定的自我调节机制来保持一种控制感和情绪的稳定感[①],其中"购买行为"也属于自我调节机制的一部分。"零售疗法"这个词最先出现在1986年圣诞前夜出版的《芝加哥先驱报》上:"我们已经变成了一个用购物袋衡量生活质量,用购物疗法抚慰心灵创伤的国家。"人们通过购物来自我调节、释放压力、缓解负面情绪等以实现自我疗愈。在远古时代,女性负责采集和收集,男性负责狩猎和防卫,因此每当有采集活动时妇女便会带着筐或兽皮包裹出门,自那时起"包"已成为女性日常生活中不可或缺的物品,由此分工带来的愉悦和满足感已深深植根于基因之中,导致女性对包产生了特殊的喜好。由此,"包"治百病似乎成了女性间心照不宣的共识。在现代生活中,"包"不单是可存放个人物品的工具,还能承载更深层次的情感连接和疗愈功能,因此越来越多的产品设计师们致力于探索如何将"包"转化为提供心理舒适和疗愈效果的配饰。具有"疗愈"功效的包在设计方面会更多关注用户感受和情绪价值,从材料选择到设计细节均要体现出对人们精神健康的关注,结合品牌、图案及色彩带来心理暗示,并使用自然和可持续的材料展现人文关怀,强调体验互动和触动感官的元素,以寻求个性化和情感连接,从而发挥深层次的疗愈作用。

---

① DODES L M. The Heart of Addiction: A Biblical Perspective[M]. New York: HarperCollins Publishers, 2002.

苹果智能穿戴设备手表 APPLE WATCH 的舒缓情绪应用程序"正念"附以圆形动态插画设计，用来实现对人心理的抚慰与疗愈。其以圆心为基准，有规律地进行扩散和收缩运动，继而演变成花朵形状。该产品提示用户，跟随动态保持同等频率呼吸，旨在缓解用户情绪并帮助他们达到放松身心的目的。再如，由中国台湾设计师发明的 Places Mental-Soothing Device 是一款创新舒缓休息体验的产品，内嵌具有心率检测功能的模块，通过结合多样化的声光效果引导用户进行呼吸，利用碎片化的休息时间帮助用户抽离周围嘈杂的环境，在忙碌生活中获得宝贵而宁静的时刻。这款设备不仅是一种技术创新，更是一种情感护理的工具，通过简单而有效的方式提供了一种改善心理健康和增强专注力的途径。用户可以在工作间隙或日常生活中使用它，享受短暂而有效的放松体验，以焕发活力。

当下的服饰设计在注重品牌差异性的同时也关注服装的疗愈性。"疗愈"服装设计可以为人们带来心理韧性，并产生减压和舒缓的情绪价值，提供能够满足自信心和特定圈层时尚的社交需求，以获取自我认同与精神上的疗愈。如今，运动服装设计正在向集审美、功能性与心理疗愈于一体的高品质穿戴体验演变，而设计师也积极整合创新材料、可持续生产技术和心理健康元素，用以满足消费者身心健康的综合需要。例如，利用温控面料以及回收聚酯纤维、有机棉等可持续材料进行创新，并降低对环境的负面影响，追求服装视觉美感的同时满足其舒适性和健康性。瑜伽领域的品牌服饰露露乐蒙（Lululemon）开发了一种使用先进纤维技术的瑜伽服，它能根据人体的温度、湿度和环境作出响应，调整其保温和透气性能。这种瑜伽服使用了独特的纤维技术，可以智能地感应和适应穿戴者的体温、湿度和周围环境变化。当环境温度升高或用户体温上升时，服装的材料会增加透气性并帮助冷却身体；而在寒冷的环境中，这些纤维则会调整保暖性能以保持体温，为穿戴者提供轻松的运动心理体验。赛诺菲健身（Sensoria Fitness）服装系列将传统运动服装和最新传感器技术进行了完美融合。这些传感器不但可以对心率、步数等信息进行实时监控，还可以准确地对脚落地过程中压力的分布情况进行监测，为运动者了解其运动状态、进步空间等提供科学的数据支撑。这有助于运动者保持最佳心率区间进行训练并优化燃脂与增强耐力，不仅提高了运动效率，还通过准确的生物反馈预防了运动伤害的发生，为健身科技和"疗愈"运动服装的设计提供了借鉴。

由此可见，疗愈设计不仅是对物理环境优化的过程，更是一种全面提升生活质量和精神健康的生活方式的创新，是实现精神生态平衡的有效方法。

第二节　生态设计伦理

大多环境问题并非单纯源自经济或技术层面的困境，其中有很大一方面来源于发展观念里价值观的权重、判断标准及认知上的偏差。生态设计伦理观强调设计者的社会责任感，在满足经济效益的同时还需考虑环境保护和社会福祉，为生态设计提供正向价值导向，强调设计中应权衡经济效益与生态效益，追求和谐与平衡的生态可持续发展模式。

一、生态设计伦理：为生态设计提供价值导向

美国精神分析心理学家艾瑞克·弗洛姆（Erich Fromm）认为，当代生态危机的实质是人类的生存危机，是人与自然、人与人关系恶化的表现。人与自然是生命共同体，是不可分割的统一整体。生态危机表层上是人与自然、人与社会关系的失衡，但深层上更显著的是人与自我关系的失调。人类对自然的认知与采取的态度出现了偏差，在自我迷失、异化中产生了不良的价值观，引发了精神生态危机。

精神生态的良性状态是人与自我的和解。而人对自我的态度，与人对自然和社会的态度是一致的。《三国志·夏侯玄传》中有言：夫和羹之美，在于合异。"和羹"不仅是对尊重事物多样性的精妙概括，也是对自然、社会和自我发展的深刻洞察。格奥尔格·威廉·弗里德里希·黑格尔（Georg Wichelm Friedrich Hegel）在《逻辑学》中指出"同一性"是"一切事物与它自身等同"，但同一性并不片面地意味着固定性和抽象的真理，"同一性"的本身就具有差异性，而真理只存在于同一与差异的统一之中[①]。恩格斯（Friedrich Engels）延续其思想，认为"同一自身包含差异"。在生态文明建设中，自然生态设计、社会生态设计、精神生态设计三个层面是同一本质结构在不同维度的衍化，存在相似却又不同的内在精要。它们以"全息式"生态思维为纽带，通过"异质同构"重塑人类生产与生活方式，"承认差异"并把多维生态设计归于更高的同一性中，在其相互建构中兼容并蓄达到"和合共生"。

"伪生态"之所以大行其道，从设计伦理的视角究其原因：一是无德，二是无知。这种无知有时单纯地表现为知识缺乏，有时是知识结构偏颇导致的不

---

① 黑格尔. 逻辑学 [M]. 杨一之, 译. 北京：商务印书馆, 1996.

同价值观形成的不同判断①。生态设计伦理从精神生态层面为"伪生态"的"无德"树立正向的社会责任意识和道德行为规范,又为其"无知"提供正确的伦理引导。

以往设计把人类作为行动的唯一核心,对经济增长有着执拗的渴求,主要关注即时的人类需求,缺乏远见,并且只顾眼下的收益而对保障经济长期增长的生态环境视而不见。这样的伦理观念在对待生态环境上重索取、轻补偿,带有明显的人类中心主义倾向,也忽略了生态的权益和价值,抱有"自然界仅是价值空缺的客观存在,其价值唯独在人的社会活动中才显现"的观点②。这种伦理观念没有从人类社会与自然环境相互关联的大系统中去考虑问题,也没有对人的行为如何影响社会和自然生态系统进行深刻理解。因此,这样的设计观在一定程度上阻碍了生态可持续发展。

为追求生态发展的目标,人类需认可自然的价值与权益并建立新的伦理观,生态设计伦理便是在此背景下孕育而生的,植根于生态学以及伦理学等领域的理论基础之上,探讨人与自然界的相互作用及设计在自然界中所应担负的道德职责与权益,促进自然、社会、个人以及生态系统的长远发展。生态设计伦理是对传统伦理认知的完善与升华,从道德与价值观念层面推动思维方式和行为模式的革新,超出了传统美德的限制,将伦理关怀的边界扩展到自然环境领域,以处理人与自然的和谐关系为主导思想,并视其为崇高的道德生活追求。生态设计伦理对规范精神生态设计实践有着重要的现实意义。

二、精神生态设计:为生态设计伦理提供实践范式

黑格尔认为,道德是伦理经过"异化"和"教化"之后,将达到"对自身具有确定性的精神"③。而"道德约束具化于道德实践中,它既有主观性,也有客观性"④。因此,生态设计的伦理价值导向与现实生活发生联系,并加以运用才有意义。精神生态设计能改善人内在精神状况,弥合破碎的人与自然的关系,促进人与社会的和谐。精神生态设计为生态设计伦理提供实践范式,为自然生态设计、社会生态设计提供持续的正向价值导向和道德实践内驱力。

赫伯特·马尔库塞(Herbert Marcuse)认为物质财富极大丰裕造成"虚假

---

① 范春萍. 伪生态的伦理与教育分析 [J]. 中国科技论坛,2019(2):4-6.
② 余正荣. 生态世界观与现代科学的发展 [J]. 科学技术与辩证法,1996,13(6):5-10.
③ 黑格尔. 精神现象学 [M]. 先刚,译. 北京:人民出版社,2013.
④ 易小明. 道德自由概念探原 [J]. 道德与文明,2021(2):22-31.

需求"[1]，西方人成为沉醉于追求物质消费而忘却精神追求的单向度的人[2]，消费主义的盛行又反过来强化了环境异化，并最终成为当代生态危机的重要原因之一。卡尔·海因里希·马克思（Karl Heinrich Marx）的"消费异化说"把生态危机的根源归咎于当今社会的经济无限增长模式和高消费的生活方式，造成了人的异化和生态环境的破坏，从而引发了生态危机。以"精神生态"为"门径"重塑人类主体与自然、与社会的关系，使人类从狭隘的小我走向负责任的"生态大我"[3]。

马斯洛的需求层次理论将人类需求由低至高划分为生理、安全、社交、尊重和自我实现五个层次。生理和安全需求随着社会物质不断充裕逐渐被满足，而其他需求开始向物质以外的精神领域拓展。人们更加关注幸福感的提升，人们的自我满足与自我实现在消费体验中不断革新，消费不再是纯粹的经济行为，而是成为一种文化行为和生活方式。消费诉求由"物质需求"向"精神满足"过渡，呈现"符号化"特征，消费者更看重商品的身份认同、情感寄托和文化属性等隐性符号。

现今的民宿设计越来越注重"场所精神"营造，是精神生态设计的重要实践场域。时下兴起的"康养""疗愈"民宿将养生、冥想、住宿、休闲、旅游等多元化功能融为一体，打造"养身""养心""养神""养性"的心灵栖息场所，为消费者提供超越物质享受的全方位身心放松体验，缓解精神压力以实现自我关怀和内心平衡，因而备受当下市场青睐。例如，日本著名建筑师隈研吾设计的"界·由布院"，以"感受梯田四序的休憩"为项目构思，让住客在四季更替中欣赏层叠起伏的梯田美景，感受自然的流动与变化，在享受温泉疗养的同时疗愈精神。再如广西崇左秘境丽世度假村，运用框景、对景和借景等中国传统园林造景手法，将霞光溢彩的田园风光与疗愈设计巧妙地结合在一起。在尊重原始地貌与植被基础上创造低调隐逸的空间层次，用"以小见大，以少为多"的设计构思使室内空间以"建筑为框架，山水为画卷"，集田园之美、建筑之美与意境之美于一体，带给旅客返璞归真的精神澄明之境。

在当下提倡"低物质损耗的高品位生活"的理想栖居方式中，"极简设计"本着"装饰即罪恶，少就是多"的生态化理念广受青睐，其背后是当今身心双重压力状态下消费者对简约生活态度的认同。"极简设计"以其素雅的造型、

---

① 马尔库塞. 单向度的人——发达工业社会意识形态研究 [M]. 刘继，译. 上海：上海译文出版社，2016.
② 王雨辰. 西方生态学马克思主义的理论性质与理论定位 [J]. 学术月刊，2008，40（10）：10–19.
③ 胡艳秋. 三重生态学及其精神之维——鲁枢元与菲利克斯·加塔利生态智慧比较 [J]. 当代文坛，2021（1）：187–193.

材质及色彩给人们带来舒适且轻松的心理感受,俨然是"精神生态设计"的范例。例如,日本无印良品的品牌理念是"无商标与高品质",其最大特点之一就是"极简"所倡导的自然、简约、质朴的生活方式,并大受生态爱好人士的推崇。其产品拿掉了商标,省去了不必要的设计、加工及染色,在减少成本的同时也减少了有害化学物质的排放,起到积极的生态化效果。其专卖店里诸多原木产品也给消费者一种贴近自然的视觉体验,拉近了人与自然之间的距离。中国禅宗思想中"空"的概念在无印良品的设计中也得到了彰显。禅宗所认为的"空"不是以简单的空无一物来寻求精神平静,而是透过"空"来觉知精神层面的丰富。在无印良品设计"空"的背后是细节上的精心处理,以优质的产品、丰富的用户体验和特有的生态思维,强调人与物的生态关系。当代类似的精神生态设计案例比比皆是,通过教化人与自我的和解,来调和"无限的"人类欲望与"有限的"自然资源之间的矛盾。

三、自然主义与人本主义的平衡

自然主义与人本主义是现代生态伦理学的两个主要理论派别,它们各自以独特的视角审视世界与人类的存在。然而,极端的人本主义往往滑向"人类中心主义",仅根据人类的利益来评价环境,忽视对其他生命和自然物的尊敬和伦理关怀,已严重破坏了生态环境。而随着对自然界认识的不断加深,人们渐渐意识到人与自然的关系极为密切,尤其当自然环境受到了人类空前的危害,而这种危害又反过来在惩罚着人类自身时,自然主义思想也开始大行其道。但激进的自然主义可能走向"自然中心主义",这将导致人类的基本需求被边缘化,忽略人类在生态系统中的特殊地位与能动性,其过于理想化将消解人类维护生态的积极性。若要解决人与自然日益紧张的矛盾,亟待人类在对待自然环境时形成一种合理、平衡、理性,且具有一定自我约束的道德和准则[①]。于是,生态设计伦理便应运而生,其诉求是自然主义与人本主义的平衡。

1. 自然主义理念下的生态设计

随着全社会生态意识的提高,越来越多的人开始明白人类与大自然构成了一个密不可分的统一体,并且人类的进步与繁荣依赖于自然界的生态根基。维克多·帕帕奈克认为,设计应该认真考虑地球有限资源的使用问题,为保护我们居住的地球的有限资源服务。在人与自然的相互作用中,要尊重自然,顺应

---

① 朱力. 中国传统人居思想中的生态伦理观念[J]. 求索, 2008(6): 96-98.

自然，保护自然，努力使人与自然的关系达到最大限度的协调。

生态可持续理念作为当今社会发展的核心指导思想，为我们指明了方向。它强调在满足当代人需求的同时，不能损害后代的发展需求，确保资源的可持续利用和生态环境的可持续性[①]。在此背景下，自然主义理念逐渐深入人心，成为生态设计的理论基石。自然主义认为自然有其固有的"内在价值"，主张生态伦理应以自然的价值和利益为重点，维护自然系统的生态平衡与发展，倡导在设计和建设过程中充分考虑环境保护和资源节约，推动人类社会向更加绿色、低碳、可持续的方向发展。

自然主义理念为生态设计提供了思想基础，推动了生态设计更广泛的应用和实践。例如，北京市绿色生态长廊项目通过建设湿地公园、森林步道、自行车道等设施，将城市绿地、水系连接形成了长达数百公里的绿色生态走廊网络，涵盖了北京市的主要城区和郊区地区，实现了城市自然生态环境的恢复和改善。广州南沙生态新城项目坚持自然主义理念进行规划和设计，将生态保护、城市建设和产业发展有机结合，在设计上采用了大量节能材料和绿色技术，建设了智能化的节能建筑群和绿色交通网络，实现了城市能源的自给自足。再如，在产品设计中，我们首先要考虑的就是与自然环境相适应，更要在产品生命周期的各个阶段，包括生产、使用、报废等环节，尽可能降低对环境的不利影响，让"生态"成为一种生活的常态。

在自然主义理念的引导下，人类才能逐渐认识到自己并非凌驾于万物之上，而应建立一种与地球再生资源相适应的生态设计伦理规范，以确保人与自然之间形成长期和谐共生的关系。

2. 人本主义理念下的生态设计

在时代向前推进与社会文明逐渐提升的过程中，追求满足人类需求的行为是一种"人本主义"倾向的表现。人既是外部环境的改造者也是使用者。英国学者威廉·莫里斯曾提出了"设计的中心是人而不是机器"的民主思想，之后包豪斯现代主义也将社会民主与设计紧密结合，文丘里主张的设计大众化也是"人本价值"的体现[②]。"人本主义"以人类的价值和利益为目的，强调人的主体性、自由意志和创造力，认为人的全面发展是社会进步的核心动力，在维护人类生存和发展的基础上保护自然生态平衡，而对过度的人类欲望和需求进行抑制。"人本主义"理念下的生态设计关键在于对人类不同层次需求进行深入了

---

① 世界环境与发展委员会. 我们共同的未来 [M]. 王之佳，柯金良，译. 长春：吉林人民出版社，1997.
② 朱力. 环境设计伦理 [M]. 北京：中国建筑工业出版社，2023.

解，是"有限度"的"以人为本"理念的最直观、最鲜明的体现。

人本主义理念下的生态设计要求我们不断地探寻和调整人的生存需要，特别是要关注那些在社会中处于弱势地位的群体。致力于实现全人类的共同福祉。例如，"无障碍设计""全设计""再设计"等，是生态设计伦理的实现方法。"再设计"是指通过对日常生活中的设计进行反思而产生的一种创造性的方法。在此过程中，设计师致力于积极发现问题并不断解决问题。原研哉认为，"从无到有，当然是创造；但将已知的事物陌生化，更是一种创造"，我们要重新审视当下人与社会的需求，从而为其注入新的生命力。例如，将结构尚好的老厂房、地下室等重新设计为廉租空间，以供低收入人群使用等。生态设计不仅涵盖从无到有的创造性活动，也涉及对既有环境的改造与提升，从"人"的需求和利益出发，承担为人民服务的设计使命。

设计中的"人文关怀"是生态设计伦理思想的直观体现，也是设计实现伦理教化的一种方式，还是精神生态设计的目标。其在人际交往和社会结构中创造支持和关爱的环境，发掘并解决深层次的各类心理需求，深切关注社会中弱势群体的生存焦虑。弱势群体在名义上是一个虚拟群体，是社会中一些生活困难、能力不足或被边缘化、受到社会排斥的散落的人的统称[①]。鉴于弱势群体所面临的诸多挑战和自身局限，他们需要社会给予更多的理解和支持。在当前的设计实践中，尽管已有不少以用户为中心的设计理念得到推广，但特殊人群的需求仍未得到充分的重视。例如，盲道的突然中断、轮椅坡道的不合理设计，这些反映出设计实践中尚存在对特殊需求人群考量不足的问题。这类问题的存在不仅给特殊需求人群带来不便，也暴露了主流设计对于社会包容性的忽略，从而剥夺了这部分人群享受平等参与社会机会的权利。生态设计伦理是以实现自然生态与人文生态的全面发展为目的，应考虑人类日益增长的物质与精神生活的需要。在这一过程中，对残疾人、老年人、儿童等社会弱势群体的加倍关爱显得尤为重要。通过优化环境设计、提高设施便利性等措施，我们可以为这些群体创造更加友好、包容的社会环境，持续契合大众不断上升的物质与精神需求。在设计过程中，充分观察并尽力体验弱势群体的生活，从其视角出发切实解决关键性问题。与此同时，要考虑弱势群体的心理需要，保证设计的功能和体验的平衡，不仅满足其物质需要，还要考虑其精神需求，为其创造更便捷、高效的社会生存环境。

生态设计伦理引领下的创新在全球可持续发展议程中已受到高度重视。生

---

① 刘亮. 特殊弱势群体社会保障话语权问题的分析 [J]. 湖北社会科学，2016（1）：38-42.

态设计伦理旨在自然主义和人本主义平衡的基础上创造出对地球与人类均有益的设计，遵循自然生态与人文生态的共生理念，是生态意识提升的内在推力。

第三节　生态设计美学

中国当代生态美学家曾繁仁教授将回归乡土的"家园意识"视为生态美学的重要内涵。他认为，"家园意识"不仅包含着人与自然生态的关系，还蕴含着更为深刻、本真的人之诗意地栖居的存在真意[①]。他在《生态美学导论》中以道家"无用无不用"思想告诫人类，如果过分追求"有用"的物质和功利目的而破坏生态环境，最后必然走到环境恶化的"无所用"的境地。从更深层次看，"家园意识"意味着人的本真存在的回归，即人要通过悬隔与超越之路，使心灵与精神回归到本真的存在与澄明之境[①]。生态设计美学的诞生并非偶然，而是时代演变、社会进步和文化转型的必然产物，不仅是对传统美学理论的拓展和深化，更是对现代社会发展模式的反思和超越。与此同时，价值观的变化也影响着人类对生态美和设计美的认识和理解，从而催生了生态设计美学的发展。

一、近现代设计生态美

19世纪初期，哥特复兴风格等多种"复兴"的面貌受到追捧，它们大多承袭历史上对自然的崇拜，大量运用自然元素的装饰。然而，设计终归是要为人服务的，过分的装饰和奢华往往忽视了设计的初衷。英国设计改革派随后提出，真实的装饰并不是单纯地模仿自然，而应根据被装饰物的形状、材料特性，及生产工艺的可能性，有限度地从大自然中找到合适的形状和色彩之美。

英国美术理论家约翰·拉斯金（John Ruskin），是最早提出现代设计思想的人物之一。1843年，拉斯金的第一部重要著作《现代画家》第一卷的出版引发了广泛的关注。他提出，艺术家最根本的角色应该是忠实于自然的，并认为设计无法与社会道德分离。他从浪漫主义的立场出发，主张师法自然，强调

---

① 鲁枢元. 东方乌托邦与后现代浪漫——生态文化讲习录[J]. 长江学术，2023（2）：19-26.

真、善、美合一，认为好的设计一定要能与大自然进行交流，唯有在直接的观察和切身的感受中，艺术家们才能用色彩和形态去表达大自然，那些因循守旧和照搬传统的东西，应当予以抛弃。他呼吁，艺术家要"完全融入大自然，不要抵抗，不要批判，不要有偏见"，强调从自然中寻找设计的灵感和动力，主张设计应服从自然的法则，强调真实性与功能性的统一。其"向自然学习"的口号，以及他对功能与形式统一的看法，可以被视作早期生态设计审美倾向。他主张设计不仅要美观，更要反映出使用功能的真实需求、适配环境和文化背景。这一观点也暗合了现代生态设计美的核心原则之一，即设计应该与其自然和社会环境相协调，并支持生态可持续性。例如，拉斯金在考察威尼斯哥特教堂的设计时，不仅注意到其结构上的成就，还强调了这些设计选择与自然生态环境和文化背景的融合。他认为，建筑装饰和形式应当来源于周围的自然环境，以此来增强建筑和其环境的和谐美感。在 19 世纪下半叶，直到第一次世界大战爆发为止，拉斯金的影响都是巨大的，其对塑造现代英国的文化生活起到了重要的作用。虽然他的理论有一些缺陷，但通过著书或讲演来宣传他自己有关生态审美概念和观点，为后世的生态设计美学的发展提供了重要的理论基础。1960 年以后，不少学者开始对拉斯金的思想和理论重新进行深入的研究。随着整个社会对于环境保护，对于可持续性发展越来越多的关注，拉斯金的理论和概念也日益受到重视。

在 19 世纪下半叶的英国工艺美术运动中，威廉·莫里斯（William Morris）提出了一种集生态、公共性和社会责任于一体的设计美学理念。他批评了工业革命后自然生态、社会生态和精神生态遭受的破坏，建议以"师法自然"的艺术设计，借鉴自然的整体性原则，使生态恢复平衡。他崇尚在设计中使用粗糙的材质与光滑的材质相结合，展现出自然材质的本色和生态美感。从根本上说，他主张设计应该是可持续的，与当地生态和文化环境紧密相连，反对无节制的工业生产模式，强调使用可再生资源和本地材料，以减少对环境的负面影响。他所设计的"红屋"便是这种理念的体现，未进行过度装饰，功能明确且完全透露出建筑材料的本色与结构。莫里斯还强调设计的公共性和社会责任，并认为设计不仅是一种社会实践，更是一场审美活动。对他而言，好的设计应当服务于大众，改善普通人的生活质量，而不是只满足少数人的欲望和需求。这种观点激励他创建了彼时的设计合作社，旨在通过集体劳动和公共参与来生产实用、廉价且美观的家具、纺织品和其他生活用品。莫里斯坚信，通过公正和道德的社会条件，才能生产出既美观又道德的设计产品。莫里斯的设计理念，与拉斯金提倡的"向自然学习"是一致的，提倡设计要实事求是，反对华而不实的设计倾向，装饰上推崇自然主义，并提出"设计是为千千万万的人服务的，而不是为少数人的活动；设计工作是一种群体行为，而非个体劳动"的人文生态观。莫里斯的生态审美原则和设计风格，在19世纪下半叶获得了相当广泛的回响。

巴里·斯各特（Mackay Hugh Baillie Scott）被称为第三代英国"工艺美术"运动设计师中的代表人物，他追求更加简练、更加现代的风格，摒弃过分雕饰的表面装饰细节。其建筑设计规划开阔流畅，空间感强，着意将室内空间与室外自然生态环境联系起来，造型简练，轮廓分明，依托于建筑材料本身丰富的层次与肌理，装饰手法简朴、纹样精致准确，营造出极强的空间自然美感。

同样提倡生态设计美的还有弗兰克·劳埃德·赖特（Frank Lloyd Wright），通过他的建筑设计，为美国人提供了一种新的生活方式。其建筑风格被称为"草原小屋"风格，特点是低矮、宽阔的倾斜屋顶，开放的室内，强调水平线的效果；在建材上主要使用石头、木料、黏土等就地取材的天然材料，与环境非常协调。同时，平直、基本无装饰的墙面也容易使用机械加工，保持了天然原色的表皮。赖特认为，材料本身能表现出的质感美，能让人获得一种自然美感。由此，光影感、玻璃的穿透感、砖的体块感，木材的纹理感、混凝土的坚硬感、金属板的弧线张力感等形成了一种美学趣味，这也正是材性所赋予设计的生态美。

奥地利建筑家阿道夫·卢斯（Adolf Loos）提出了"装饰即罪恶"的审美原则，让简约不仅是一种审美取向，更是一种对自然的敬畏。注重在形式上采用简洁的立体派造型，色彩上基本以黑白为主体的工业中和色，形成一种简约到极致的新建筑形态。其特点表现为以下几点：一是功能主义特征。以"功能"为核心，而非以形态为起点。注重效率、便捷和经济效益。二是标准化原则。只有标准化才能批量化，降低其生产成本才能为大众提供廉价的生存空间。三是反装饰主义立场。装饰耗费了不必要的开支与资源的浪费。因此，"反装饰"不仅是一种审美观，更是一种生态意识的道德立场。

密斯·凡·德·罗（Ludwing Mies Van der Rohe）是现代主义建筑设计的杰出代表之一，20世纪30年代提出了"少即是多"的审美原则。这一理念深深根植于近现代生态设计美学中，并为当下的生态设计实践带来了深刻的启示。其以简约精炼代替繁复奢华，推动了简洁化、实用性的设计思潮，促进了生态设计美学的发展。密斯认为，建筑应该尊重和融入自然环境，没有必要因为追求视觉效果而过分地改变环境，不强调个体建筑特性，而是坚持以标准化、工业生产的方式来满足大众需求。

勒·柯布西耶（Le Corbusier）的建筑生涯经历了从纯粹主义到粗野主义的转变，这一过程并非简单的风格转变，而是其对建筑功能、材料、形式以及与社会环境关系的深入思考和探索。其纯粹主义和粗野主义理念对生态设计美学的影响非常深远。他倡导建筑与自然、社会环境的和谐共存，让建筑不再是自我封闭的艺术，而是逐渐融入自然之中，开启了建筑向生态化、自然化的发展方向。1920年，纯粹主义时期的柯布西耶坚持机械化和标准化，追求建筑的经济性和实用性，重视自然光的最大化利用和开放空间的设计。这直接反映了生态设计审美中应尽可能降低对环境的负面影响，尽可能利用自然资源，以及提高空间的使用效率等观念。20世纪50年代，转变到粗野主义时期的柯布西耶则更加强调建筑与环境的融合。他提倡，应使用原始肌理感强的粗野材料，让建筑回归自然，以彰显与土地、自然环境的亲和力。这种对自然环境尊重和合理利用的审美取向，形成了一种人工设计与生态系统互动共生的新模式。

20世纪30年代末，芬兰建筑师阿尔瓦·阿尔托（Alvar Aalto）在建筑与环境的关系、建筑形式与人心理感受的生态关系等方面取得了设计突破，在现代建筑史上留下了不可磨灭的印记。他运用无装饰钢筋混凝土结构等有机功能主义和理性主义的处理手法，致力于追求现代社会与自然的和谐共处。在建筑设计作品中，他充分考虑了独特的自然条件和地理环境所引发的心理效应，采用大型圆筒形照明孔，将日光与人造光源置于同一顶部，营造出太阳尚未落山的错觉。这种对自然光的极致利用，既有效降低了能耗，又缓解了高纬度地区日照时间短可能引发的季节性情绪低落。建筑设计还采用有机形式，运用大量自然材料，尤其是北欧地区丰富的木材，给人以亲近感。从而使建筑仿佛成为自然的一部分，而非人为植入的异物，展现出一种自然恬淡的生态美。

近现代已初露生态设计美的端倪，但生态审美并未占据主导地位，反而出现了更多冗杂的非生态风格流派，在一定程度上影响了生态设计美学的发展。因此，人们需要系统的生态设计美学理论指导实践，促进"三态和合"的全息生态设计发展。

二、生态设计美学内涵

德国哲学家沃尔夫冈·韦尔施（Wolfgang Welsh）在其专著《重构美学》中曾经提到："现实中越来越多的生活元素正在披上美学的外衣，现实作为整体，也被视为一种美学的构建。"基于生态文明时代发展趋势的大背景，生态美学与设计技术也一步步成为当今美学研究的重要潮流①。生态设计美学并非一门独立的学科,而是一种由生态危机现实引起的设计审美观。它以设计美学与生态美学为基础,具有狭义和广义两种界定。狭义着眼于人与自然生态环境之间的审美关系,而广义则关注人与自然、人与社会、人与自我的生态关系,以改善人类环境中非生态现实为根本落脚点,探索人与环境的和谐美,是实现"全息"生态设计的内源性支撑。

彼得·多默(Peter Dormer)在其《1945年以来的设计》中写道,"一张精心制作的漂亮木头桌子,如果木料是由领取着维持生活所需的最低工资的劳动者毁坏了无法再生的森林而获得的,那它对一些人来说就是令人不愉快的东西,就是不美的"②。在他的理念中,衡量一件产品之美并非仅限于审视其造型是否合规、比例是否和谐、色彩是否优美,乃至功能是否齐全,还需关注其是否遵循道德观念以及是否具备环保责任感。所述的形式美感,即设计的外在表现,我们可以用"漂亮"一词来形容,但在生态观念里,形式上的美并不能等同于符合生态美学准则。在西方,和谐是美学的核心范畴。苏格拉底将和谐归结于事物关系的统一,伯纳德·鲍桑葵在《美学史》中将古希腊时期的美学思想归结为"和谐、庄严和恬静",狄德罗则认为美在于双方的和谐关系。黑格尔将"和谐"视作最高级的抽象美,强调"和谐产生于对立"。康德则认为美是形式上的"和谐"原则。在这些古典美学思想的影响下,西方一些著名学者规划了自己心中的理想社会和家园,如柏拉图的理想国、莫尔的乌托邦、康帕内拉的太阳城等,表达了人类渴望追求的理想生态环境。生态美学的研究是对当代生态文化观念与相应审美现象的再认识,它把人类历史上自发形成的生态审美观提高到一种理性的自觉,由此形成生态美这一特定的审美范畴③。

民国时期,王国维、蔡元培、鲁迅、朱光潜、宗白华、冯友兰、丰子恺、蔡仪等思想家对生态审美均有着独到的见解,形成了各自不同的特色思想。从20世纪80年代至今,生态美学成为我国美学领域一种富有生命力的理论形态与生长点,越来越引起学术界的重视④。1980年,余谋昌教授发表了《生态哲学》《生态伦理学:从理论走向实践》等论著,将生态哲学的研究范畴扩展到

---

① 王泰元,任红宇.中国传统生态美学观与家具设计制造的融合[J].文艺争鸣,2022(7):203-208.
② 多默.1945年以来的设计[M].梁梅,译.成都:四川人民出版社,2007.
③ 徐恒醇.生态美学[M].西安:陕西人民教育出版社,2000.
④ 曾繁仁.论我国新时期生态美学的产生与发展[J].陕西师范大学学报(哲学社会科学版),2009,38(2):71-78.

了生态美学等层面。佘正荣、王国聘、唐代兴等学者也对生态美学的研究做了大量探索。我国美学家宗白华有言："一切美的光都是来自心灵的源泉，没有心灵的映射，是无所谓美的"。生态美的存在和认知也都源于内心感受和精神映射，是主观心理活动的产物。北京大学叶朗教授认为，审美活动是一种以意象世界为对象的人生体验活动。它使人超越"自我"的有限天地，回到人和世界的最原初、最直接、最亲近的生存关系，从而获得一种存在的喜悦和一种精神境界的提升[①]。生态设计审美也是一种根植于人类社会活动的文化和精神表现形式，在主体与自然环境、社会、自我的互动过程中，通过审美观照引发生存体验与生态意象的形成，是人类活动从物质层面向精神领域的深化和拓展。

生态设计美学既强调通过人体感官体验到的外在愉悦感，又追求"全息"生态系统中生命个体与生态环境之间的内在精神美，是精神生态的重要构成部分。

首先，生态设计美学带来"显性"的外在愉悦感。生态设计审美强调使用环保材料，优化自然光利用，增加绿色植被以及提高空间的能效和舒适度。在消费活动中，倡导选择低碳足迹的产品，支持循环经济与健康生态的生活方式。其不仅关注物体功能和外观的合理性，更重视其生态影响和可持续性，是积极健康的精神映射，使人产生积极的、长效的生理愉悦感。

其次，生态设计美学彰显"隐性"的内在精神美。人类与自然相处、与他人相处，积累了数千年的生态美德，比如勤俭、朴素、怜悯、真诚、仁爱、友善等，都是孕育生态设计美的精神资源。真、善、美是人类精神文明的永恒追求，美与善在时代交替中被人类不断赋予新的内涵，以其独特的方式影响人类社会的发展。维克多·帕帕奈克的《绿色律令：设计与建筑中的生态学和伦理学》，为生态设计美学提供了至关重要的依据。这部著作高度关注设计过程中的环境污染问题，将设计对生态环境的影响提升至道德层面。他主张，我们应致力于营造一个安全可靠的未来，关注设计中的精神需求，并调整传统的设计审美与功能评价标准。1964 年，纽约当代美术馆举办了一场名为"无建筑师建筑"的展览，展现了接受过专业培训的建筑师在城市设计中所创作的单调景致，与此同时，未经专业训练的乡土建筑师则呈现了将建筑与自然和谐融合的才华，以及在多样气候和地形挑战中巧妙应对的智慧。该展览显然赞赏了后者对当地自然材料的运用，如利用动物粪便供暖，使人类

---

① 叶朗. 美学原理 [M]. 北京：北京大学出版社，2009.

居住环境与自然紧密相连。设计师们利用独特的生态设计审美打造了一种更为自然、环保的生态景观,不仅乡村风貌得以重新焕发生机,连都市本土风貌亦再次受到关注。从实用到审美,实现了人与自然的神交,才能真正维护精神生态。

生态设计美学以一种新的审美高度重新思考人与自然、人与社会及人与自我之间的关系,揭示了生态不仅是设计所追求的深层精神价值,更是全人类审美关注的重点。世界之美,源于多样性的并存。生态设计审美承担着维护生态平衡的伟大使命,以实现人与自然的和合共生。

三、"美"不一定生态

在当今社会,对于设计外观的"颜值"追求已成为一种普遍现象。然而,这种追求并非总能实现与生态环境的和谐共存与可持续发展。无论是硬质驳岸的营造方式、商品包装的过度设计,还是服装中的皮草滥用等,设计领域所面临的挑战在于如何在追求审美价值的同时,探寻生态之道,确保在创造美观的同时不损害生态的多样性和自然的完整性。

在城市规划与景观设计领域,硬质驳岸模式曾因其整洁直观的美学特质而备受青睐。随着生态环境保护意识的日益提升,这一模式在生态和美学层面的局限性逐渐暴露无遗。硬质驳岸主要指利用混凝土、石材等硬质材料,人工构筑的河岸或湖岸,旨在行洪,便于管理与维护,并追求一种简洁规整的外观。然而,这种硬化处理的高大岸墙无形中拉远了人与水体的亲近距离,严重影响了人们的亲水体验。水体的自然曲线与边缘被刚硬的线条所替代,虽在视觉上呈现整洁感,却缺乏必要的互动性与亲近感。此外,河道拉直和加速水流的做法,导致下游水域泥沙沉积和淤塞问题日益严重。固化的驳岸还将改变河岸的生态结构,使得原有的湿地植物和水生植物无法在硬质滨水结构上生长,进而引发本土植物退化、生物多样性退化等一系列生态问题。固化更是对两栖动物、水生生物及鸟类等生物构成了直接威胁,使其失去了赖以生存的重要生境。硬质驳岸所使用的胶泥、片石和土工膜等材料,虽能有效防止渗透,但也剥夺了土壤自然水分调节的能力,损害了生态系统的自我净化功能。尽管硬质驳岸在初期因其规整、美观而备受推崇,但在深入探究其影响后不难发现,这种仅追求视觉效果而忽视生态平衡的营造方式终将难以为继。

随着人们生活水平的提高和消费观念的升级,对商品包装的品质提出了更高的要求。这不仅体现在包装的实用性上，也体现在美观性上。为迎合市场需求，制造业及相关企业纷纷加大包装设计的力度，却忽视了一个重要的问题，就是过度包装。过度包装指的是包装价值和功能远超其实际需要，这种情况通常表现在过多使用包装材料、包装尺寸过大和产生过量废弃物上，超越了商品基本的保护功能和美观需求，加剧了生态的失衡风险。以月饼为例，每年中秋节前，全国生产的高档月饼数量庞大，仅这些月饼包装所需的高档包装盒，就需砍伐大量的树木。产品的过度包装与建设生态可持续型社会、发展循环经济的宗旨背道而驰。

　　生态设计往往与善相联系，而在服装设计行业中，皮草的滥用却违背了这一理念。在时装交易中，全球有上亿的动物因此而死亡，其中包括牛、羊等畜牧动物以及濒临灭绝的动物。而且动物源性材料的获取不仅涉及畜牧行业的福利问题，还触及为获取皮毛采用毒气窒息或电击等手段将其致死剥皮的伦理问题。动物的使用价值对于满足人类的物质需求具有一定的意义。无论是作为畜牧业的附属产物，还是作为皮毛制品的原材料，它们在保暖御寒、彰显财富以及审美等方面均展现了独特的使用功能，并往往与奢侈品、享乐主义及炫耀性消费等观念紧密相连。然而必须正视的是，皮草生产过程中涉及大量化学溶剂的使用，如烷基酚乙氧基化合物、偶氮染料及重金属等有毒残留物质，并且对生产工人的健康构成了严重威胁[①]。一张狐狸皮的生产加工所产生的碳足迹更是高达芬兰普通消费者每日碳足迹的三倍，凸显了皮草生产对环境的巨大压力。随着生态环境保护和伦理议题的日益凸显，消费主义价值观正面临被大众所诟病。动物作为物质使用价值与作为生命价值的矛盾越发显著，消费者往往难以在动物皮草中追求自我价值与生态道德之间做出明确的权衡，也容易忽视消费过程中所涉及的生态伦理问题。

　　在探索美与生态设计之间的平衡时，我们不得不面对一个不容忽视的现实问题——在追求外在美的过程中，相关环境和伦理问题经常被边缘化，对美的追求往往未能与生态和谐的价值判断相融合。美的定义不应局限于表面的华丽和瞬时的感官享受，而必须扩展到对生态的深刻关怀和对"代际公平"的考虑。人类迫切需要反思与调整自身的审美趣味和消费模式，让美不仅是一种知觉感受，更是对生命和生态环境的尊重。只有当我们认识到，真正的美是建立在生态可持续的基础之上，不以牺牲环境健康和心态平和为代价时，这样的美才是真正意义上的美，带给我们的不仅是眼前的利益，更是长远的

---

① 夏璐晴. 基于零残忍时尚的情感化服装设计研究[D]. 上海：东华大学，2023.

福祉。生态设计应以更加审慎和负责任的态度，审视并重塑审美观念与生活方式。

人类正面临前所未有的数据泛滥的信息时代，人与自然的疏离正日益加剧，精神生态设计能改善人的内在精神状况、抑制无限的欲望、促进人与自我的和解，弥合破碎的人与自然的关系。

生态设计也是一种态度，蕴含着伦理观、审美观。人们对待自我的态度与如何对待"他者"的态度如出一辙，也会如此对待自然！精神生态的调适，可以重塑人们的价值观，改变人们对待社会与自然的态度。精神生态视域下的疗愈设计、生态设计伦理、生态设计美学等，能为人类与自然的和合共生提供新视阈。

第五章 多维生态设计路径

我们需要构建一个立体网络结构，以保障全息生态设计的有效性。

全息生态设计反对以人类为唯一中心。人类也不再是自然的对立面，而是参与到具有多种潜在可能的生态环链中，以适应生态系统循环不息的特性[1]，使自然、社会及人类主体都不再是本质化的存在。1980年由国际自然保护同盟首次发布的《世界自然资源保护大纲》明确表示，我们必须深入探讨自然、社会、生态、经济以及在利用自然资源时的核心关系，以保障全球的持续发展。因此，为了实现全息生态设计，我们需要构建一个立体网络结构，将社会可持续、经济可持续、文化可持续和环境可持续这四个维度分别与生态设计相关联，并考虑不同专业学科的协同创新与多方利益相关者的共同参与，这对于生态设计在不同领域的践行具有深远的意义和价值。

第一节　社会可持续与生态设计

爱米尔·涂尔干（Émile Durkheim）将社会视为一个具有自我调节能力的复杂系统，这一点与生态系统各个组成部分之间的相互作用和相互依存关系非常相似。涂尔干的社会学定义强调了社会作为一个独立的实体，对其成员产生了广泛而深远的影响。这种理解可以与全息生态设计的原则相结合，进一步拓展生态设计的外延，使其不仅关注物理层面的可持续性，也包括社会结构和社会功能的可持续发展。

社会可持续的关键点在于如何搭建一个能够满足当前以及未来社会需求的系统，其中涵盖了环境权益、贫富不均、健康平等、教育公平等多个方面。在生态设计实践中，我们应充分考虑这些社会因素，通过精心设计增强社会包容性和多样性，确保每一个社会群体尤其是弱势人群均能从中获益。例如，在可持续社区设计中，除了考虑节能建筑和绿色基础设施外，还应包括提供公共空间和公益服务，支持社区的帮扶活动和在地性文化表达，以增强社区的凝聚力与认同感。生态设计的未来趋势是加强社会学理论的深度融合，利用跨学科的

---

[1] 胡艳秋. 三重生态学及其精神之维——鲁枢元与菲利克斯·加塔利生态智慧比较[J]. 当代文坛, 2021（1）: 187–193.

方法，制定并实施相应的设计策略。这一综合策略有助于设计师更深入地理解和应对复杂的社会生态环境问题，从而构建出真正意义上的社会可持续发展方案。

一、服务设计中的生态理念

1982年，美国银行家林恩·肖斯塔克（Lynn Schostak）发表《如何设计服务》一文，被视为"服务设计"的起点。1991年，随着英国设计管理学教授比尔·霍林斯（Bill Hollins）的《全设计》一书的出版，"服务设计"作为内涵完整、边界清晰的设计学概念出现。1993年，米兰理工大学教授埃佐·曼奇尼提出，服务设计将从根本上颠覆传统的生产至消费的线性模式，并推动环境与社会的可持续转型。服务设计作为一种创新方法，通过优化服务流程和用户体验，促进社会的公平和包容性，提高资源利用效率，推动社会的长期繁荣。不仅有助于提升服务质量和用户满意度，也在社会可持续发展中起着重要作用。

"全设计（Total Design）"是比尔·霍林斯（Bill Hollins）全面论述服务设计时提出的理念。"全"字既指明了服务设计纵向涵盖的时间过程和维度，也代表了服务设计横向的多学科领域和发展空间。一方面，一般设计项目可能结案于方案的"出炉"，而服务设计则要对项目进行"全过程"控制与管理[1]。前者的工作重点在于有形的功能实体；后者的核心任务则包括无形的服务体验，不仅可以延长设计使用寿命，还可减少物质能耗。另一方面，服务设计打破了专业的樊篱，是多学科合纵连横的创新，是实现"全息式"生态设计的重要路径。

产品服务系统设计涉及如何在服务中提供价值和体验，其中的角色超越了单纯的物理产品开发。设计师需要思考产品的每一个功能如何满足用户需求，产品如何服务其他方面，如服务人员、技术平台和用户界面，以及生态效用等的相互关系。例如，在医疗设备的服务设计中，除了设备本身的功能性、安全性和环保性，设计师还必须考虑设备如何与医疗服务人员的操作流程配合，以及如何通过设计减少患者的不适感和提升治疗效果。此外，现代产品设计越来越多地融入智能技术，使得产品不仅是物质实体，更成为服务体验的关键接口。

---

[1] 陈其端.论服务设计的"全"视角价值[J].南京艺术学院学报（美术与设计版），2012（4）：141-144.

如当下广受市场欢迎的"共享单车",不仅强调服务设计的无缝整合和持续优化,还节省了个人单独购买的费用及其存放的空间。采用简单直观的操作系统,用户通过智能手机应用即可快速解锁和支付,无须复杂的物理钥匙或传统的租赁程序,大大提高了使用的便捷性与环保性。利用 GPS 跟踪、智能锁和数据分析技术,优化车辆分布和调度以减少管理成本,同时收集用户数据以持续改进服务。它强调耐用性,使用坚固的材料和防腐处理以承受各种天气条件和频繁使用。包括稳固的车架结构、可靠的刹车系统和夜间骑行的照明设备,确保用户骑行安全。设计中还利用了易于维护的模块化组件,使维修更快速、成本更低。共享单车提供了一种低碳出行选择,减少了对私人汽车的依赖并有助于缓解城市拥堵和空气污染,是贴近大众生活的生态服务设计。

在信息爆炸的当下,有效的信息服务设计能够帮助用户在复杂的数据环境中找到所需信息,降低信息获取的难度和时间成本,其在服务设计中的重要性也不可忽视。信息设计师不仅负责图表、信息图和界面布局,更重要的是通过合理的信息架构设计,改善信息的可查找性、可读性和可理解性,通过清晰的标签和逻辑布局减少用户的决策负担,还可确保包括贫困、残障人士等在内的弱势群体,均能平等地访问和享受信息服务设计的便利性,对于促进社会生态的良性发展具有积极的价值。以 Spotify 为例,这一流行的音乐流媒体服务平台通过其卓越的信息设计优化了用户体验,用户可以通过简洁的导航栏轻松访问各种音乐类别、播放列表和搜索功能。这种直观的界面布局帮助用户迅速找到自己喜欢的音乐或发现新曲目,不仅大幅降低了探索和选择音乐的时间成本,还利用个性化的推荐算法在主页展示用户可能感兴趣的音乐,这不仅基于用户的历史听歌行为,还考虑了相似用户的数据,通过图表和清晰的信息提示,增强了信息的可读性和吸引力。此外,Spotify 的设计还考虑了辅助功能,如屏幕阅读器支持,确保视障用户也能方便地使用。

环境服务系统设计通过创造和优化物理空间及其与人的互动方式,以提升空间体验、满足特定功能需求,并促进社会、文化和环境的可持续发展。其服务设计不仅关注空间的物理舒适性,更强调空间如何有效地服务于人,促进积极的社交活动,传递文化价值,以及与自然环境和谐共生。其一,它以用户需求为核心,通过深入研究目标用户的行为模式、心理需求、文化背景等,考虑其舒适度、便捷性、安全性以及情感需求,设计出符合用户期望的空间环境。其二,强调空间的功能性布局,即根据空间的使用目的和流程,合理安排各个功能区域的方位和尺度,确保空间的高效利用和服务的流畅性。其三,注重环境与人的互动体验，通过设计元素（如色彩、材质、照明、陈设等）引导人的行为，创造积极的环境互动体验。其四，随着环保意识的提高，环境服务设计越来越注重生态可持续性。例如，使用环保材料、节能技术、雨水收集系统等措施，在减少对环境影响的同时促进资源的循环利用。同时，设计也愈加考虑空间的长远发展，为未来的生态环境改造和服务设计的升级留有余地。其五，环境服务设计强调文化形象的构建。通过设计元素融入地方文化、历史传承或现代艺术元素，可以赋予空间独特的文化内涵和审美价值，有助于增强用户对环境的文化认同感和归属感。

社会可持续发展不仅要求我们从设计"物"转向设计"服务"，更需要关注服务与用户之间的互动，以满足人的深层次精神需求。传统的设计—制造—销售流程是线性的，而现代服务设计则须构建用户与多元主体的互动体验系统。这种互动不仅局限于购买环节，还涉及设计、使用、反馈、生态评估和改进等多个阶段。因此，设计者需要深刻理解人类需求和行为，并以"全息"视角来进行多维度的考量、多专业综合的社会生态服务设计。

二、为人民的设计

为人民的设计是"以人为本"理念的拓展，重点关注社会弱势群体的需求。"以人为本"这一设计理念原本旨在推动设计决策围绕人类需求和舒适度进行，确保产品或服务与用户的实际需求和期望相匹配。然而，这一理念在实际应用过程中，一部分人似乎失去了对"以人为本"这一理念的度的权衡和把握，有时候甚至用来为过度消费辩解。作为设计行业屡试不爽的设计理念，激进的"以人为本"在为了满足用户"需求"的同时，还经常与市场驱动的消费需求相混淆。在消费主义文化的推动下，企业往往通过创造和放大消费者的"需求"来推动销售，这种做法可能导致设计过程中更多关注刺激购买行为，而非满足真正的用户需求，造成自然资源与社会资源的浪费。例如，通过推行"有计划的废止"，而不考虑这些新增功能的实际用途或对生态环境的负面影响，就是一种典型的反生态设计模式。在众多场合中，设计不只追求功能的丰富性，更多的是为了展现人的社会地位或身份的符号。因此，我们需要重新审视"以人为本"的设计理念，不只是关注当代人的需求，也应当预见未来的需求。设计师有责任引导社会的消费模式并提倡理性消费，而不是仅追求技术创新和功能积累，应更深入地思考设计如何影响全人类的长远利益和生存福祉。

面对一些社会广泛认知却难以直接解决的问题时,设计师可通过生态设计或艺术行动表达自己的立场,以此产生更大的社会影响,并推动问题解决的进程①。以下这两种社会可持续设计实践方面虽形式不同,但均体现了设计师的主导作用以及解决社会生态问题的积极尝试。

(1)为弱势群体的设计

维克多·帕帕奈克强调设计的社会责任,他主张设计应服务于社会的大多数人,特别是那些被边缘化和被忽视的群体。强调设计活动应当关注其社会效应,尤其是在支持社会可持续发展和促进社会公正方面。怀特利将设计分为几个类别:绿色设计、为弱势群体的设计、符合消费伦理的设计以及女性主义设计等。这些类别反映了设计不仅是商业活动或美学创造,更是一个深刻影响社会结构和文化的领域。他鼓励设计师采用一种批判性的视角,并意识到自己工作的社会维度,不仅创造美观实用的设计,更会增进社会整体福祉的进步。通过这种方式,生态设计成为一个多维度的实践领域,激发对设计如何服务于更广泛的生态社会目标的思考和行动。

由于弱势群体自身在身体状况、社会地位、社会财富等方面存在的种种不足和缺陷,因此更需要社会在各个方面进行"人文关怀"。"人文关怀"设计将在人际互动和社会架构中营造了一种支持与关爱的氛围,发掘并满足弱势群体的深层需求,充分关注弱势群体的社会融合性、文化敏感性、经济可承受性、教育和信息获取的便利性等,以实现为人民服务的生态设计。例如,无障碍设计确保弱势群体轻松使用公共和私人设施、服务及数字技术。从建筑的无障碍入口和卫生服务设施,到数字界面的屏幕阅读器支持和视听辅助功能,再到交通工具的视觉及听觉信号易接入设计,无障碍设计可贯穿于弱势群体易于操作的日用品和高科技设备的方方面面。旨在创建一个无差别的生态环境,使所有人群无论年龄、能力或健康状况,都能享受平等的健康生活质量,推动社会向更加包容和公正的方向发展。再如,可通过社会融合性设计强调打破人与社会的隔阂,促进不同背景、能力和需求的人群在公共空间和社区中的积极互动。如在城市规划中设计多功能的公共生态环境空间,鼓励不同年龄、种族和社会经济背景的人们聚集和互动,如社区园林、公共图书馆和社区公益中心等,这些空间不仅为居民提供休闲和学习的场所,还促进了社区成员的积极交往与消除阶层意识。

普利兹克奖得主迪埃贝多·弗朗西斯·凯雷(Diébédo Francis Kéré)设计

---

① 刘新,张军,钟芳.可持续设计[M].北京:清华大学出版社,2022.

建造的"甘多小学"是为改善当地贫困儿童教育条件而设计的典型项目。采用了非洲当地的黏土和木材等可再生资源作为主要建筑材料，降低了能耗。自然通风、双层屋顶、热交换能力、高耸的通风塔及遮阳伞，在没有空调的机械干预下实现通风。这些元素共同构成了"甘多小学"的生态标识。项目的操场、教室、图书馆、礼堂和宿舍等区域都充分考虑了教学和生活环境的需求，不仅为当地的儿童提供了良好的学习环境，还促进了社区的发展和文化的传承，促进了自然生态与人文生态的融合。

针对人民群众的设计充分体现了社会生态设计为弱势群体带来的"温度"，它不仅关注生态环境的友好性，还彰显了对人类精神生态和社会正义的重视，是实现社会可持续发展的重要途径。

（2）社会影响力设计

社会可持续发展语境中社会影响力设计的核心目标在于通过装置创意设计或活动策划等对特定的社会问题进行表达，以引发公众关注和讨论。这种设计形式不仅是艺术表达，更是一种社会介入，通过观念的展示和影响力传播，促进问题的广泛认识并推动其向解决的方向发展。例如，通过公共空间的艺术装置反映环境问题，或通过互动展览引发对社会公平的思考，都是尝试在更深层次激发社会的自我反省和行动。在设计的方式上，社会影响力设计通常选择装置艺术或临时性事件作为媒介，这些形式本质上更注重触发观众的情感和思考，而非提供实际的产品或服务。这种方式使得设计作品本身成为讨论和关注的焦点，通过创造性的表达和公共参与，加深了公众对重要社会议题的理解和兴趣。例如，利用废弃物料制作的互动装置可能让人们重新思考消费主义的后果，从而引导生态环保行为。

相较于日常设计的实用性和直接性，社会影响力设计更侧重于其观念传播和公众关注的效果。这种设计策略虽然不直接提供解决方案，但通过加深社会对某一问题的认识和讨论，为社会可持续性的其他实际解决方案铺路。设计师和艺术家可以利用他们的专业能力和创意，对公共政策产生影响，提高全社会的生态意识，并推动更广泛的社会参与和变革，最终为解决全球性的挑战，如贫困、不平等和生态环境危机作出贡献。

社会生态应该包括对社会结构中各个"全息元"的关照，女性也不例外。很多地区的女性面临收入差距、职业障碍、教育限制、健康护理获取困难以及暴力和歧视等不平等现象，应结合全面的政策制定、法律改革、全民教育、社区参与等多方面因素才能有效地解决这些问题。"女性之声（Voices of Women）"是一项具有深远影响的公共艺术设计活动，深刻反映了社会生态设计的核心思想，通过艺术介入增加社会议题的曝光度和讨论深度。该项目在世界多个城市中心进行展示，旨在借助公共空间的影响力放大女性的声音，并推动性别平等的社会认知。通过呈现来自不同文化和社会背景的女性真实故事，不仅为女性提供了一个表达自己观点的舞台，也让大众体验到性别议题的多元性和复杂性。这个装置的设计融合了多种互动元素，例如可以通过触摸屏来查找各种女性故事的数据库，或者是扫描二维码来捕捉她们的声音。这一独特的设计策略允许观众基于自己的兴趣深入探索特定的话题，从而增强了社会参与热情和教育效果。这类设计经常被精心策划为便于迁移和重新安装的样式，这使得它们可以在多个城市间进行巡回展览，从而扩大了其影响范围和覆盖面。每一次的展览活动均会根据当地社群的特定需求和文化背景做出相应的调整，以确保活动内容具有高度的相关性和敏感性。社会影响力设计不只是一个艺术创作，同时也代表了一场社会活动，其核心目标是利用艺术和设计方法来推进社会深层次问题的解决，激发大众的同情心和行动力，巧妙融合设计创意与公众利益来实现社会可持续的目标。

当然，设计在介入社会可持续问题时也具有局限性。其主要的局限性在于，如果设计方案没有深入地融入本地资源和大众参与，很可能在初期热情消退后迅速失效。这种表面的介入缺乏持久性和深入的社会影响，很难将公众的初步关注转化为持续的行动。如果没有实质性的改变和持续的社会参与，原有的问题往往会继续存在，未能得到有效解决，这样的情况可能导致公众对设计的真实意图产生疑虑，质疑设计更像表面上的宣传，而不是真正地解决问题。

因此，在设计介入社会生态问题的过程中，不仅要注重创新性，还需要对社会资源进行深刻的理解和整合，以确保生态设计能持续地产生正面的社会效应。

第二节　经济可持续与生态设计

普林斯顿大学经济学家吉恩·M. 格罗斯曼（Gene M. Grossman）和艾伦·B. 克鲁格（Alan B. Krueger）提出了环境库兹涅茨曲线（Environmental Kuznets Curve），该曲线显示生态环境与经济发展的水平呈现先破坏后缓和的"U"字形发展趋势[1]。可持续经济重视经济活动与生态系统之间的密切联系，倡导在追求经济增长的同时考虑对生态环境的影响。经济维度是生态设计不可或缺的考量对象。

当下数字经济为可持续经济提供了一系列技术工具，如大数据、物联网和人工智能，这些工具为生态设计提供了前所未有的机遇。通过利用这些技术，设计师能够更准确地分析和预测产品的经济环境影响，优化设计方案，提高资源利用效率。同样，分布式经济强调小规模、去中心化的生产单元和本地化发展，这与生态设计的理念不谋而合。分布式经济促进资源和信息的公平获取与共享，通过本地化的设计实践减少物流过程中的能耗和碳排放，同时鼓励社区参与和社会创新。在全息式生态设计模式下，设计不仅关注产品和服务本身，也关注经济活动中的社会关系和环境影响，推动循环经济和可持续生活方式的发展。

一、数字经济与生态文明

中国改革开放以来，工作重心转到经济方面，经历了快速的经济增长，但这种增长有时以牺牲环境为代价，导致了资源的大量消耗和生态环境的严重破坏。近年来，随着国家生态文明建设战略的提出，经济发展方式和思维方式均向生态化转变。在这一背景下，全息生态设计的理念和实践被视为解决这一问题的有效途径，能促使政策制定者和设计师开始思考如何将经济社会发展与环境资源高消耗脱钩，实现经济增长与环境保护的和谐共生。这意味着从传统的重经济发展、轻环境保护的模式，转变为将环境保护与经济发展并重。通过创新的设计思路和技术应用，推动经济模式向绿色、低碳和循环经济转型。

可持续经济强调经济系统不是独立于生态系统之外的，而是生态系统的一个子系统。因此，经济增长必须纳入生态环境发展中加以整体考量，而生态设计的目标则是创造既美观、适用又可持续的解决方案，以缓解甚至解决经济发展和环境保护之间存在的矛盾。将可持续经济的理念融入设计学不仅是技术和方法论的革新，也是对设计学科的拓展，是促进设计领域发展的契机。设计成为连接经济活动与生态系统平衡的桥梁，不仅解决了功能和审美情感层面的问

---

[1] GROSSMAN G M, KRUEGER A B. Economic Growth and the Environment[J]. The Quarterly Journal of Economics, 1995, 110（2）: 353-377.

题，更为建立一个可持续发展的世界做出了贡献。将生态经济的理念深植于设计的全流程，不只局限于物理产品与城乡环境设计，更扩展到服务设计以及系统设计中，体现了一种全息的、跨学科的路径，旨在创建一个经济可持续和环境友好的社会。

当下生态设计与打破传统行业界限的数字经济的关联愈发紧密，在经济发展中的作用远超传统意义上的单一环境生态保护功能，通过提高创新能力、优化用户体验、推动可持续发展和加速数字转型，成为推动经济可持续发展的重要力量。

首先，产品数字经济的发展趋势之一是"数字产品护照"。数字产品护照作为提供有关产品生命周期的全面信息的一种手段日益受到重视[①]，数字产品护照提高了行业透明度与可持续性，增强了转售平台的信任，鼓励了循环经济的发展。唯链（VeChain）是一家致力于区块链技术的企业，与多个行业合作实现产品的溯源和身份验证。消费者利用手机App来扫描产品上的数字护照二维码，获取产品的详细资料，如生产日期、生产地点和生产工艺等，尤其包括了产品使用材料的环保特性等方面的信息，在确保产品真实性的基础上，使消费者能够更好地了解产品的制造流程，以帮助消费者做出更加环保的选择，充分保障了消费者在经济活动中的知情权。

其次，数字经济催生了建筑"碳效码"的产生与使用。建筑碳效码是一种用于衡量建筑碳排放水平的标识系统，通过收集和分析建造、运行和拆除过程中产生的碳排放数据，为建筑低碳发展提供科学依据，促进建筑行业低碳转型。例如，湖州市近年来一直在推进碳效的改革，建立了一个涵盖企业、个人和公共机构等碳排放主体的碳效评价体系，并在金融、节能改革和碳权益交易等多个领域进行了实际应用。同时，湖州还探索出一套基于低碳经济理念的建筑全生命周期管理方法与机制，形成了包括政策引导、组织实施、技术支撑在内的一系列政策措施，有效促进了产业转型升级和低碳社会建设，成为全国第一个公布公共建筑"碳效码"的城市，并连续被选为"中国地方全面深化改革典型案例"和省级居民生活领域碳普惠应用试点城市。

另外，通过"生态链设计"能够发挥网络信息平台在时空层面的集约化，实现节能减排的整体性发展。"生态链设计"可以理解为将设计融入生物与环境之间，构建一个物质、能量以及信息的流动或交换过程，将线上与线下相关

---

① 林依婷, MODINT, 汪芸. 荷兰纺织业的转型：生态设计与循环设计的兴起（二）[J]. 装饰, 2023（12）: 70–80.

联，实现彼此间的共赢。例如，小米生态链是指由小米相关企业孵化、投资及生产制造的一系列与智能硬件、家居、智能穿戴、健康等相关的产品和服务。小米生态链产品在设计上注重整体的一致性和通用性，力求形成一个整体互相配合、协同工作的闭环生态系统，用户可以在一个界面上完成对不同设备的操作。这类集约化设计可以大大减少相关配件的重复购买，并具高性价比优势。

再者，数字经济提供的仿真工具和软件可实现对设计项目的全生命周期协调管理，通过可视化预测其性能与优化其环境影响，从而在设计阶段就将潜在的负面影响最小化。举例来说，在建筑设计的初步阶段，BIM（Building Information Modeling）软件能够为建筑设计团队提供高度精细的三维建模服务，包括建筑结构、机械电子设备以及管道等多个方面的详细信息，是一种将设计和建造集成的过程。通过对这些数据进行分析处理后，可以将其转换为可视化的三维模型，有助于设计团队更深入地掌握总体设计思路，并能在设计阶段迅速进行调整和修正，还可以通过 BIM 软件实时查看其他团队成员的设计进展，及时进行沟通和协调。在设计完成后，BIM 模型还可以用于施工和运营阶段。施工团队可以利用 BIM 模型进行施工模拟和进度管理，提高施工效率。建筑的运营和维护团队也可以使用 BIM 模型进行设备管理和维护计划制定，帮助延长建筑的使用寿命并提高运营效率。

群智（Collaborative Intelligence，CI）设计是一种利用网络平台和数字技术，吸引、汇聚和管理大规模设计参与者，聚集多学科资源开展创新设计的活动，能加快设计速度、降低设计复杂性、精准匹配市场需求[①]。数字化时代下新的设计软件、工具、范式不断涌现，使生态设计的方式不断发生变化，呈现群智化设计的样态。同时，数字化设计软件与流媒体的传播也使得设计师或者设计团队的身份出现了"泛化"的倾向，即设计参与的多方群体均可在不同程度参与设计的决策。群智设计的多方主体呈现与生态系统中生物群落相互依存、共生的相似关系。

数字经济与设计的融合促进了经济增长，同时存在一些潜在的生态风险和挑战。首先，生态设计伦理和社会责任的问题是不能被忽视的。我们需要确保技术的进步和应用不会进一步加剧社会不平等，并保护弱势群体的权益。虽然数字技术为生态设计提供了新的路径，但技术应用的不平等性可能会进一步

---

① 罗仕鉴，张德寅，邵文逸，等. 群智创新设计研究现状与进展[J]. 计算机集成制造系统，2024，30（2）：407-423.

加剧社会的不平等,从而导致所谓的"数字鸿沟"的形成。其次,需要注意的是,当采用如云计算、大数据和人工智能等数字技术时,会在一定程度上增加电力能源消耗,尤其是数据中心的能耗。将生态设计与数字经济结合时,需要评估和最小化这些技术自身的碳足迹,确保总体上对环境的正面影响远大于负面影响。最后,使用数字技术可大大增加设计及生产的速度,可能会让企业以追求快速回报为目标而非长期的可持续发展的目标。

虽然将全息生态设计与数字经济结合可以提供强大的工具,但也必须认识到这一过程中存在的潜在问题。应通过谨慎规划、政策支持、技术创新和持续的伦理审视,以减轻潜在的负面效应。

二、分布式经济与生态设计

生态设计研究与实践离不开对社会经济宏观语境的深刻理解[1]。分布式经济通过构建以本地化、去中心化、开放和小规模生产单元为核心的系统,旨在解决当前所面临的环境挑战以及未来的可持续发展。全息生态设计与分布式经济结合,不仅追求设计过程中减少对环境的负面影响,更在于推动经济模式向更加分散化、本地化和个性化的方向发展。

分布式经济是对传统经济模式的重要补充和创新,未来的工业体系将向分布式经济转型[2]。如2023年由欧盟委员会ERASMUS+高等教育能力建设项目支持的国际可持续设计学习网络中国学术年会LeNS-China2023,专注于可持续产品服务系统设计和分布式经济,旨在满足环境保护和社会公平需求,促进经济可持续发展。此外,区块链、物联网(IoT)、人工智能(AI)等前沿技术的应用为分布式经济的实现提供了强有力的技术支持。区块链技术确保了交易的透明性和数据的不可篡改性,物联网技术优化了资源的跟踪和管理,而人工智能为个性化服务和预测性维护提供了智能解决方案。这些技术共同为构建一个更加灵活、高效和可持续的经济系统打下了坚实的基础。

分布式经济通过小规模、去中心化生产单元促进了本地化发展,强调节点间平等获取资源、信息共享。相比中心化系统更灵活、应变能力强,更贴近用户需求。分布式经济与技术创新紧密相关,是社会创新与技术变革融合的产物,借助新技术不断渗透社会,满足个性化需求,推动经济发展。但分布式经

---

[1] 夏南,刘新,钟芳.设计的新语境:分布式经济的可持续性研究[J].装饰,2018(12):102-105.
[2] 凯利.失控:全人类的最终命运和结局[M].张行舟,陈新武,王钦,等,译.北京:电子工业出版社,2016.

济并非要完全取代大规模集中化生产,而是寻求大、小规模生产与区域间资源流动的新平衡,作为主流经济的补充。NEFFA 是一家位于荷兰的 3D 生物创新纺织设计公司,该公司致力于通过融合科技、时尚与科学,打破传统纺织品的界限,创新研制出一种菌丝体的材料,通过 3D 扫描自动制造系统在当地定制、生产。其独特之处在于,它的设计不仅注重个性化的审美和功能,还强调与当地文化环境的互动性和适应性。现代纺织品供应链面临资源浪费、环境污染以及长距离运输带来的碳排放问题,而 NEFFA 采用了一种革命性的生物技术和机器人技术,可分散在各地并使用本地原材料进行小批量生产、定制产品,显著减少了物流过程中的碳足迹和资源浪费。

分布式经济强调在本地化环境中利用高度自动化和定制化的生产方法,以响应消费者需求并提高生产效率,不仅提升了生产的灵活性和响应速度,也推动了创意和技术的融合,开辟了更具创意和可持续的全球供应链新路径。"分布式"理念还广泛应用于能源、教育、金融等领域,未来这种设计模式的推广有望进一步优化全球供应链,通过减少运输距离和提高当地资源利用率,实现环境保护和经济效益的双重提升,推动行业向更加绿色和可持续的方向发展。

生态设计研究需深入了解社会经济背景,并认识到分布式经济的局限与潜力,选择合适的设计介入方式。有效的生态保护需要综合性的产品、系统与服务设计,而非单一方法的介入。

三、可持续经济与产品设计

产品设计在实现可持续经济目标中扮演着重要角色。在全球面临环境挑战和资源压力的背景下,实现可持续经济的发展必须清晰地了解"计划废止制"与"生态设计"之间的矛盾。计划废止制是指通过功能的废止、质量的废止以及款式的废止,故意使设计产品在一定时间后过时或失效,促使消费者不断购买新产品。这种做法虽然短期内能促进经济增长,但长期看却是资源浪费,与可持续发展的理念背道而驰。相对地,生态设计注重从源头减少环境影响,强调产品整个生命周期的低碳环保,从原材料的采集、生产过程到产品的使用和最终回收,都尽可能减少对环境的负面影响。

出于"善意"的产品设计并非总能带来预期的环境效益,有时甚至会增加整体生态环境的负担。以密度板家具为例,尽管密度板作为材料具有可回收、可降解的特性,并且在生产和分销阶段看似环保,但其实在使用和废弃阶段却呈现了较大的环境负担。另外，新能源汽车（NEVs）被普遍看作一种在交通领域降低温室气体排放和减少对化石燃料依赖的关键手段，但依然存在一些有待解决的挑战和问题。比如在电池的制造和回收过程中，会消耗大量的资源，其中包括一些稀有金属，如锂、钴和镍。这类材料的挖掘经常会带来严重的环境和社会后果，例如环境污染、生态损害和劳动健康等问题。尽管电池回收技术在持续发展，但回收效率和成本效益还有待进一步优化，并且电池的寿命和充电效率直接影响新能源汽车的性能和用户接受度。电池性能随时间降低，需要定期更换，这不仅增加了使用成本，也产生了额外的废弃物。实现生态设计需要探索更长寿命、更高效的电池技术，并改进电池的维护和升级方式。

产品设计在实现经济可持续性方面可从以下几个方面着手。第一，使用再循环、再使用以及共生化等先进的生态技术。例如，瑞典品牌 Polygiene 是一家专注于创新纺织技术的公司，其核心产品和服务是提供防臭和抗菌解决方案，旨在通过抑制导致衣物产生异味的细菌生长来延长产品的使用寿命，从而减少水和洗涤剂的使用，降低环境影响。此外，意大利品牌科罗世（KLOTZ）利用二氧化钛纳米颗粒的光催化性能，使其在阳光的作用下自动分解附着在纺织品表面的污垢和污染物。这种自清洁技术体现了可持续发展与创新结合的典范。第二，采用生命周期评估方法促进资源循环利用。设计师可以在设计阶段预测并优化产品，即从原材料获取、制造、使用到废弃的每个阶段的环境影响。这种方法有助于实现产品的长期可持续性，支持可持续经济中对于减少整体环境影响的追求。第三，激发高端品牌在生态设计实践中的先锋作用。例如，普拉达（PRADA）和阿迪达斯（ADIDAS）的合作是时尚与运动领域跨界合作的典范。他们推出的再生尼龙系列通过回收旧渔网、地毯以及其他尼龙废料制成，减少了对新原料的依赖。该系列推出了包括鞋子、服装和配件在内的产品，不仅注重环保，还保持了时尚外观和高性能标准。通过这种合作，两个品牌不仅扩大了各自的市场覆盖面，还共同推广了可持续的理念。这一策略不仅吸引了对高端时尚和运动品牌都感兴趣的消费者，更带动了其他品牌向生态设计发展的趋势和方向。

总体而言，产品设计与可持续经济之间存在一种相互作用和相互依存的关系。将可持续发展的理念整合到产品设计的各个环节中，有助于促进经济体系朝着更为环保、公平和前瞻性的发展方向迈进。我们不只是关注产品的使用功能和经济价值，更应深入地考虑环境的保护和资源的使用效率。

第三节　文化可持续与生态设计

　　文化可持续发展目标是一个涵盖了文化在推动可持续发展中角色和重要性的概念。这一概念扩展了传统的可持续发展目标（SDGs），特别强调了生态设计中的文化维度在促进经济增长、社会包容和环境保护中的关键作用。

一、文化可持续发展目标

　　生态设计是一种强调在设计阶段对环境的最小化影响，通过采纳可持续的材料、能源效率和废弃物减少的策略来优化产品和服务。同理，使人们关注文化多样性和文化传承性，引导大众尊重和保护当地的自然资源和文化资源，也是人文生态设计的应有之意。因此，文化可持续发展是一种以"文化"为核心的新型生态发展观。当我们将生态设计与文化的可持续发展相融合，满足人类以需求为出发点，重视人的价值与情感体验，在推动社会包容性和经济增长方面，起到了至关重要的作用。例如，采用当地的传统原料和工艺技术进行设计不仅可以降低运输过程中的碳排放量，还有助于保护当地的非遗与地域文化，也能为当地的特色经济发展作出贡献，从而实现了文化价值的增值和生态环境的提升。通过对地方文化产业，例如手工制品、民族服装制作和当地美食的支持和振兴，我们不仅维护了文化的多样性，还为当地创造了更多的就业机会，从而增强了地区经济自主性和社会福利。此外，传统手工艺产品也是一种有效的宣传手段，在构建旅游体验的过程中，融合生态和文化敏感性的设计策略可以吸引更多访客。这不仅丰富了游客的体验感，还提升了当地居民的生活品质与地域文化认同感，进而增强了对地域生态环境保护的热情。

　　全息生态设计和文化可持续融合发展的成功实施离不开教育和知识传承。将这些概念纳入教育体系，可以鼓励年轻一代选择可持续的生活方式，并了解保护文化遗产的重要性。学校和社区教育项目可以通过工作坊、讲座和实践活动，传习地域技艺的同时解释其环境效益，如传统的农业技术和自然生态资源管理智慧。这样不仅有助于优秀文化基因的保存，还培养了公民对生态环境和文化保护的责任感，为未来的可持续发展奠定了群众基础。

　　全息生态设计和文化可持续发展可以相辅相成，共同构建一个更环保、更具包容性和经济活力的社会。这种跨领域的合作模式为解决全球面临的环境和社会挑战提供了新的视角和解决方案。

二、文化与传媒设计中的生态意识

在当今数字化时代，因特网和数字技术已成为我们日常生活的核心部分。然而，这些技术背后的环境成本也开始受到越来越多的关注，传媒设计中的生态意识正成为一个重要议题。数字产品和服务尽管是虚拟的，但确实对自然环境产生了实际影响。全息生态设计的实现必须关注常常被忽略的数字世界，到2025年，网络、通信行业将使用全球20%的电力[①]。随着电子设备的不断发展与工作的需要，大多数人把大量的休闲时间花费在智能屏幕上，AI在带给人们精神享受的同时增加了智能产品的耗电量，这一过程将对"双碳"目标的实现造成冲击。运行这些智能设备所需的数据存储或交换中心占到全球碳排放的2%，与整个航空业的总和相同，预计到2040年将达到14%[①]。

随着因特网和数字设备的普及，与之相关的能源需求显著增加。例如，流媒体服务、数据中心和网络基础设施等均需耗费大量电力，其能量大部分仍来源于煤炭或天然气。在传媒设计领域，生态意识指认识和理解传媒设计和操作在生产、使用和处置过程中对环境的影响，包括从设计数字产品（如网页、应用程序和数字广告）到内容的传播方式（如视频流、数据存储和数据中心运营）的每一个步骤。文化传媒领域的生态设计意味着在数字内容的创作和呈现中采取措施，以减少能源消耗、减少废弃物和降低碳足迹。

随着数字技术的普及，生态意识已成为传媒设计师和开发者必须考虑的重要因素，这包括在色调的生态考量、字体的能耗、格式的效率等方面做出的环保选择。

（1）色调的生态考量。从环境角度考虑，色彩的使用在显示设备上的能耗影响显著。尽管深色背景在某些屏幕类型上（如早期的CRT和AMOLED屏幕）上可能降低能耗，但在现代的LCD或LED屏幕上，显示黑色可能实际上比显示白色消耗更多的能源[②]。因此，在设计过程中了解目标设备类型是减少能耗的关键步骤。此外，考虑品牌形象一致性通常比能源效率更为重要，设计师应在保持品牌视觉识别和降低生态环境影响之间找到平衡。

---

① 郝凝辉. 从线性思维到循环思维：生态设计助力碳中和[J]. 美术观察，2022（1）：14–17.
② 费里克. 可持续性设计[M]. 杜春晓，司韦韦，译. 北京：中国电力出版社，2018.

(2)字体的能耗。在选择字体时，使用系统字体通常比使用 Web 字体更为节能，因为系统字体不需要从服务器下载，可以减少数据使用和传输过程中的能耗。推荐的做法是在设计中最多使用两种字体，并优先选择系统字体。若设计要求高，可以选择一种 Web 字体；但如果性能是首要考虑，则应优先使用系统字体。这样不仅提高了加载速度，还减少了能耗[1]。

(3)格式的效率。在选择图像格式时，应优先考虑使用 SVG 等矢量图形，尤其适用于图标和简单图形，因为它们放大后不失清晰度，且文件体积相对较小，减少了数据的下载需求。对于需要使用光栅图像的情况，PNG 或 GIF 格式适用于不需要拉伸的图像，同时，应该利用 CSS 精灵技术将多个图像合并成一个文件来减少 HTTP 请求[1]。创建针对打印优化的格式可以显著减少打印时的资源消耗，这包括去除不必要的背景、图像和颜色，打印时使用更加友好的颜色和字体，并确保图片不会被挤到页面的边缘以外。通过这种方式，可以减少纸张、油墨的使用，并提高打印效率。

通过这些策略，文化传媒专业的从业者不仅能提供高质量的数字和印刷内容，还能显著降低其环境足迹。生态设计已经从一个可变选项变为现代设计师的必备考量，它要求设计师在创造美观、功能性强的设计的同时，也要担负起环境责任。

总体来说，设计师可以通过简化网页和应用的界面设计，减少数据加载量，从而降低能耗。例如，选择更高效的编程语言和框架，减少不必要的动画和背景处理过程。通过增强传媒领域的生态意识，我们不仅能减轻技术进步对环境的负面影响，还能推动整个行业向更可持续的未来发展。这需要设计师、开发者、内容制作者和所有传媒相关人员共同努力才能实现这一目标。

三、信息设计与文化可持续

在文化可持续发展过程中，信息设计起到了不可或缺的作用。它不只助力于文化遗产的传播和保护，也推动了文化的继承与创新。通过精心设计和有效传播信息，能够提高公众对于文化遗产的了解和评估，从而更好地支持文化多样性的维护和进一步发展。信息设计的角色不只是确保信息的透明性和可接近性，还有助于激发大众的兴趣和情感参与。设计师通过增强现实（AR）、虚拟

---

[1] 费里克. 可持续性设计 [M]. 杜春晓，司韦韦，译. 北京：中国电力出版社，2018.

现实（VR）等技术，创设互动式体验，令受众沉浸于文化故事之中，能够体验历史事件的再现，或是通过触觉反馈设备亲身感受到非遗工艺的制作过程。信息技术的应用使得文化教育变得更加动人和记忆深刻，从而有效提升公众对不同文化价值的认识和尊重。

在文化保护方面，信息设计的应用远远超过简单的数字化呈现表达与数字资源库的构建。设计师正利用复杂的数据可视化技术来展示文化数据的连接和趋势，不仅帮助研究人员分析和理解文化变迁，也让普通公众能够直观地看到文化的演进过程。此外，通过区块链技术，可以创建一个透明且可验证的文化资产注册系统，保护知识产权，防止文化资产被非法复制和盗用。这些技术的融入，大大提高了文化资产的保护效率和安全性。

在文化交流方面，信息设计使得跨文化沟通变得更加容易和有效。通过创建多平台兼容的视觉内容，确保不同文化背景的人均能访问和理解这些信息。信息图表、多语言支持的互动界面和符号系统均被精心设计，以消除语言和文化障碍，增强不同文化参与者之间的理解与合作。信息设计在促进文化可持续性方面的强大潜力不仅能便捷传达信息，更是连接不同文化、保护文化遗产的桥梁。

设计师通过创造性地组织和呈现信息，使文化遗产更加生动和可访问，同时也支持了文化的保护和创新。未来随着技术的迭代发展，信息设计将在促进文化多样性的保护方面发挥更大的作用。

第四节　环境可持续与生态设计

一、环境正义

环境正义强调在保护和改善环境的过程中要尊重人权、公平正义和可持续发展原则，确保每个人都享有安全、健康和公正的环境。"癌症村"是我国改革开放后出现的群体疾病现象，它的存在违背了"环境正义"原则。一些地区为了追求经济发展，高污染、高能耗的企业和项目被转移到农村地区，导致这些地区的环境质量急剧恶化。由于长期生活在被污染的环境中，导致癌症等疾病高发，村民的健康权受到了严重侵害。这种以牺牲环境为代价的发展模式，不仅损害了当地居民的健康权益,也加剧了城乡之间的环境不公。要解决"癌症村"问题,需秉持环境正义的原则,加大环境保护和监管力度,确保所有人的健康权益得到保障。

面对自然生态污染与人文生态破坏的问题,习近平总书记多次强调和阐述"绿水青山就是金山银山"的环境发展理念,协同推进降碳、减污、扩绿,致力于建设人与自然和谐共生的美丽中国。我国政府针对各种自然与社会问题颁布了相应的政策。在自然生态保护方面,我国通过实施污染治理、绿色能源发展,以及生态保护等政策应对资源污染,包括水、土壤和大气污染治理标准,鼓励可再生能源发展,促进资源节约和循环利用,以及加强自然保护区建设和生态修复工程。这些政策旨在保护生态环境和恢复生态系统功能,确保自然资源的可持续利用。注重提升公众环保意识,加强环境监管与执法。通过加强环境教育、开展环保宣传活动,增强公众的环保意识和参与度。同时,完善环境法律法规、严格监管执法,为生态环境保护提供法律保障。在人文生态保护方面,为缩小群体间的社会保障差距,"提低"和"限高"可持续的社会保障体系,以及为了文化资源可持续发展的"限域",国家制定和实施一系列中华优秀传统文化传承发展工程,以促进经济文化发展与环境保护的协调统一,促进人文生态的可持续发展。

环境正义的相关原则在具体实践运用中常常表现为"无限"的发展设置"有限设计"。这一理念注重如何在"设计全生命周期"内设定一些明确的约束,这种设计思路适用于多个领域。例如,在环境设计与产品设计中,通过建立相应绿色建材数据平台,并通过政策限制未达到环保要求的材料进行交易,限制并鼓励企业采取更清洁、更可持续的生产方式,例如我国绿色建材采信应用数据库的建立,支持建材溯源追踪管理打击了企业违规生产不符合环保要求的产品,并提升绿色认证评价的公信力。再如,国家相关无障碍设计规范为保障残障人士的环境权,制定了一系列须强制执行的设计限制。"有限设计"意味着在设计阶段就必须考虑环境可持续性和对社会公平的影响。在视觉传达设计中"有限设计"意味着要在创作的初期设定某些限制,例如采用扁平化的视觉方式、统一品牌语言,以及考虑在不同媒体之间的可适应性,不仅有助于引导生态设计的发展方向,还能激发设计创新和提升资源利用率。

二、生态补偿

生态补偿旨在为保护生态平衡而牺牲发展机会和经济利益的人或地区给予

补偿，是维护环境可持续性的重要经济机制和市场调节措施，特别是在管理自然资源和缓解生态危机方面。碳交易和水质交易系统，旨在通过经济激励弥补环境损失。例如，被称为"国之重器"的森林碳汇项目，通过财政拨款激励土地所有者通过植树和森林管理来吸收大气中的二氧化碳。

随着渔业捕捞强度的不断加大，渔业资源逐渐枯竭，渔业生态系统受到严重破坏。为了保护渔业资源及生态环境、保障渔民的长久生计和权益，政府采取禁渔等措施。同时，通过生态补偿机制对渔民进行经济补偿和政策引导，为其提供政策扶持、就业指导和资金支持等一系列举措。鼓励渔民上岸生活，在滨水地区为其建造商业用房或安置小区，促进渔民的生计改善，并带动旅游业、餐饮业的发展。这一生态补偿机制也有助于丰富城乡生态，因禁渔、禁猎、禁伐等腾退的山水空间，通过恢复植被和湿地构建生态驳岸、亲水空间，结合渔猎文化特色进行生态公园设计、文创产品设计等，进一步促进环境可持续发展。

在全息生态设计中，生态补偿更多体现在设计师的责任意识以及"恢复性设计"层面。设计师必须了解并参与设计全过程，在材料选择或制造过程中发现可能存在的反生态问题，当无法避免对环境造成不良影响时，应考虑实施生态补偿方案。通过积极补偿，设计师及其项目利益相关者甚至可以平衡项目碳吸收与碳排放。2019 年米兰装饰艺术和现代建筑三年展中"恢复性设计"的提出，将设计作为分析和修复工具，重建世界的复杂系统。恢复性设计强调的是一种积极的生态补偿意识，其目标是使设计与自然的关系转变为更加积极和互利的状态。不但减少对现有环境的损害，且着眼于修复和改善已然受损的生态环境。这种设计思路有助于恢复生态系统的健康和功能，如通过清洁技术和材料净化空气并修复水体生态，或者通过恢复自然栖息地和生物多样性补偿生态损害。此外，"恢复性设计能够解决的断裂关系不仅包括污染、物质消耗、全球变暖等环境危机的关键问题，还包括家庭、性别、种族、阶级、国家等基本制度和概念的问题"[①]。也就是说，"恢复性设计"也可促进人文生态补偿。在这个框架下，恢复性设计不仅关注环境的物理恢复，还着眼于人类社会和文化的可持续性发展。首先，恢复性设计通过创造可以恢复自然环境健康的解决方案，提供了一种实践人文生态理念的方式。例如在城市规划中，通过恢复城市绿地、湿地和其他自然栖息地，不仅改善了城市的生态系统，也提高了社区居民的生活质量，促进了社区的环境教育和文化身份的形成。其次，恢复性设计

---

① 张明. 破碎的自然 [J]. 装饰, 2020（11）: 8-9.

强调在设计过程中考虑地方特色和文化敏感性，这与人文生态的品质目标高度吻合。最后，恢复性设计提倡的是一种包容性的设计思想，重视各种利益相关者的参与，包括地方社区、环境学者和政策制定者。这种多方参与的过程本身就是一种人文生态的实践，它促进了不同群体之间的对话和协作，强化了共同的环境责任感和文化联系。总之，恢复性设计与人文生态之间的关系体现了一种深层次的互动，这种互动不仅有助于生态的恢复，也促进了文化和社会的持续发展。这种带有生态补偿意识的设计理念，是推动生态设计成为推动社会向更可持续、更有韧性的未来转变的重要力量。

三、环境设计与生态可持续

环境设计与生态可持续性紧密相关，这一领域重点关注如何通过设计实践降低对环境的负面影响，同时增强生态系统的恢复力和健康。环境设计不仅涵盖室内设计和景观设计，还涉及建筑设计、城乡规划、环境产品设计及其他多个领域，旨在创造一个既满足人类需求又不破坏自然环境的生活和工作空间。设计师在此过程中应整体考量，包括能源效率、水资源管理、材料选择、废弃物利用以及对社会文化环境的长久影响。

在实际应用中，环境设计的策略包括但不限于使用可再生能源，如太阳能和风能，以减少对化石燃料的依赖；选择本地和可持续的材料以减少运输过程中的碳排放；设计高效的水利系统以支持水的再利用和雨水的收集；利用绿色屋顶和墙面以改善建筑的绝热性能和增加生物多样性。这些不仅提高了能源效率，还有助于减轻城市热岛效应，提升空气质量，并为城市野生生物提供栖息地。

环境设计对生态可持续性的贡献是深远的。通过在设计初期考虑环境影响，可以避免未来的环境退化和资源浪费。环境设计也强调现有环境的生态敏感性，尽可能保护和整合自然元素到环境整体设计中。比如，保留现场的成熟树木或者其他自然特征，不仅保护了生物多样性，也增强了居住者与自然环境的情感连接。此外，教育和推广环境设计的理念也至关重要，它有助于培养公众的环保意识，推动更广泛的社会变革向可持续发展转变。

由此可见，生态设计不仅是解决问题的手段，更是预防环境危机的路径。环境设计作为一种跨学科的实践，通过综合考虑社会、经济和环境等因素，不仅能创造出功能性和美观并存的空间，更是实现生态可持续发展目标的重要手段。

全息生态设计通过多维度的设计策略，以立体网络结构将社会可持续、经济可持续、文化可持续和环境可持续等多维度生态设计相关联。这种多维度的全息视域不仅增强了生态设计的适应性和创新性，还能促进跨学科合作和公众的积极参与。不同专业领域的设计师相互协调和互补，共同探索和实现更全面的生态设计方案，更有效地应对未来的生态与环境挑战，促进人类与自然的长期共生。

第六章 生态设计教育之道

生态设计教育应通过顶层设计、价值共创、生态链接、全民教育等引领多元社会主体实现全息生态发展的绿色闭环。

从优秀传统文化赋能生态设计教育，到思辨设计方法融合跨学科培育研究，再到以元宇宙媒介构建生态设计教育新视界，最后实现文化生态融合下的学习范式转换。对中国传统"和合"生态生存方式的传承可作为消解当代生态危机的清凉之药，也是当前生态教育中不可缺少的内容。生态设计教育应秉承和合文化精髓，弥合人与自然破碎关系、缓解人与社会的生态危机，促进人与自我的身心和解。将自然生态设计、社会生态设计、精神生态设计三者有机融合，在人与社会、人与自然、人与自我之间建立一种和谐的良性循环。通过全民教育将全息生态设计的目标内化于心，外显于行，以推动多元社会主体共创"和合"生态未来。

第一节　追本溯源——生态设计教育发展与反思

一、生态设计教育的雏形

1933年，包豪斯学派的沃尔特·格罗皮乌斯、拉斯洛·莫霍伊·纳吉和赫伯特·拜尔等被迫流亡至伦敦。这个时期的设计教育家与生物学者、社会学者进行了广泛的交流与碰撞，引发了以生物学在社会重塑中的潜力、环境敏感性设计以及"人类生态学"等为主要方法论的探讨[①]。这些理论后来传至美国，构成了之后哈佛大学和芝加哥艺术学院的早期环境主义理论的根基，是包豪斯设计教育理念与环境主义及生态学的结合。

二、生态设计教育体系的确立

随着早期环境主义相关学科不断发展，继承格罗皮乌斯衣钵的麦克哈格

---

① 安克尔. 从包豪斯到生态建筑[M]. 尚晋，译. 北京：清华大学出版社，2012.

在宾夕法尼亚大学和哈佛大学分别创立了景观设计与生态设计体系[①]。麦克哈格不仅推动了生态设计理念在学术界的普及,还对环境规划和景观设计实践产生了深远的影响,融合了自然科学和设计学的知识,将生态设计提升到新的高度。

中国建筑大师吴良镛先生受到生态保护运动思想先驱芒福德的影响,在此基础上建立了人居环境科学体系[②]。将芒福德思想与中国设计教育的实际结合,进一步推动了中国人居环境研究发展。其工作内容不仅涵盖了建筑设计和城市规划,还涉及环境生态与建筑遗产保护的可持续发展,为中国的城市化奠定了重要的理论基础。这些成就不仅促进了生态设计教育体系全球化,也为未来生态设计教育发展提供了可贵经验。

三、生态设计教育的快速发展

面对当今海平面上升、环境污染加剧以及气温不断提升的问题,世界一流大学在2010年陆续开设了相关课题研究,包括哈佛大学的"未来城市环境"和"危机与弹性设计"、东京大学的"自然灾害的生物设计",以及英国皇家艺术学院的"未来保护设计"研究等。国外诸多学校对生态设计教育的普及极大地促进了社会对生态设计的可理解性,北美洲、欧洲等地区的许多学校开设了生态设计相关课程和专业,涵盖生态学、环境科学、景观规划、建筑设计等多个领域。例如,美国佛罗里达大学生态设计课程将生态学、景观规划和建筑设计等领域相结合,培养学生系统性思维和跨学科合作能力;荷兰代尔夫特理工大学的生态建筑设计课程致力于培养学生对可持续建筑和生态设计原则的理解和应用能力;澳大利亚墨尔本大学、新南威尔士大学及新西兰奥克兰大学、惠灵顿维多利亚大学等均设立了相关生态设计课程并开展了研究项目。这些学校均致力于结合当地自然环境和文化特点,开展了生态设计研究和实践。

近年来,我国一些知名高校也开设了生态设计的相关课程和专业。例如,中央美术学院新增了社会设计、生态危机设计专业;清华大学在其建筑设计和城市规划专业中,引入了生态设计的相关课程,并在研究领域开展了生态设计

[①] 景斯阳.新兴学科:生态危机设计教学方法的构建——中央美术学院设计学院教学改革之探索 [J]. 美术研究,2021(2):125–129.
[②] 吴良镛.芒福德的学术思想及其对人居环境学建设的启示 [J]. 城市规划,1996(1):35–41,48.

相关科研项目。学生通过相关课程学习生态材料、被动式节能建筑标准、能源效率等方面的知识，并通过实践项目探索生态设计的实际操作，强调从"以学科为基础"转向"以问题为基础"。相关课程涵盖了生态设计的不同维度，通过理论与实践相结合的教学模式为学生提供全面的生态设计教育，培养其专业能力和创新思维。

然而，历经近一个世纪的生态设计教育，在当今社会仍未形成逻辑闭环，对生态环境问题的解决也并未起到立竿见影的效果。基于此，我们需深刻反思其成因：第一，生态设计的概念宽泛且模糊。从绿色设计、可持续设计、生命周期设计到环境设计[①]，虽然经历了多次理论的升级与迭代，但这些概念的内涵却并未有很大的区别，只是新瓶装旧酒。第二，生态设计教育的地区发展不均。回顾传统生态设计教育的发展，不同国家和地区之间存在明显的认知差异。其中，贫穷落后地区因经济的限制导致生态设计教育面临资源匮乏的困境，对于生态问题认知的缺失，也导致了种种"伪生态"行为。第三，生态设计教育理论与实践脱节。传统生态设计教育还面临着理论与实践脱节的情况，由于一些生态设计课程过于注重理论知识传授，但缺乏实际操作机会，致使学生毕业后缺乏实践应用能力且难以适应实际市场需求。第四，高校设计教师言传与身教相悖。这一问题为个人生存与生态设计需求之间的矛盾所致，即高校设计教师作为生态设计教育宣传者，在实际设计项目中由于受到资金以及甲方需求影响，无法将生态设计理念落地，甚至助推了伪生态设计。这些矛盾不仅影响了设计师的职业理想，也在一定程度上阻碍了生态设计教育的普及。第五，反生态的"地域习俗"。尽管许多传统文化强调自然资源的保护，但也有一些习俗导致了资源的过度开采和环境破坏。部分地区的狩猎和利用动植物资源的传统习俗造成了对生态系统的破坏，如非洲部分地区的传统捕猎习俗导致了某些野生动物种群不断减少，甚至濒临灭绝。某些偏远地区通过传统烧荒种植方法清理土地，导致森林破坏，虽然这种方法在短期内增加了土地的可耕面积，但从长远来看，在一定程度上破坏了土地资源的生态可持续。

由此可见，生态设计教育发展存在一定瓶颈，一方面既要发展经济与传承文化，另一方面又要保护生态环境，这一境况值得我们深思。

---

① 景斯阳. 新兴学科：生态危机设计教学方法的构建——中央美术学院设计学院教学改革之探索[J]. 美术研究，2021（2）：125–129.

第二节 碳寻新生——生态设计教育何以时尚

一、国家层面的引导与推进——顶层设计

国家在生态设计教育中的引导与推进是多方面政策和行动的综合体现。首先，国家可通过制定具有指导性的法律法规和战略性文件明确生态设计教育的发展方向和目标，并确立环境保护和可持续发展的基本框架。如碳达峰、碳中和目标纳入生态文明建设整体布局，是党中央的重大战略，是我国可持续发展进程中的一次重大飞跃[①]；其次，国家可增加对生态设计教育的资金投入，并支持高校建设现代化的教学设施和实验平台，以培养具备生态意识和实践能力的专业人才；此外，国家还可建立跨部门合作机制，促进各领域之间的协同作用，推动生态设计理念在不同学科和行业的融合应用；最后，国际交流与合作也是推动生态设计教育的重要途径，通过引入和吸收国际先进经验以促进生态设计教育的国际化水平的提升。因此，国家层面的引导与推进能为生态设计教育提供坚实的制度和政策支持。

二、生态设计教育的宏观共识——价值共创

生态设计教育涵盖了多种诠释方式用以研究多元主体参与下的价值共创服务系统，如社会创新设计（Social Innovation Design）、协同创新设计（Collaborative Innovation Design）、共创设计（Co-Design）、服务设计（Service Design）以及参与式设计（Participatory Design）等[②]。其中，协同创新设计和共创设计是核心概念，生态设计教育需要从宏观层面在社会系统与技术系统互动过程中实现价值共创，这一过程良好地体现了提供者、参与者与接受者之间的协同性，可以激发不同部门之间的协作服务能力。换言之，生态设计教育的最终目标是针对社会各群体的需要形成一个共同价值观念的生态社会共同体，并将经济、文化与教育相结合，形成具有内生动力的教育模式。

---

① 苏利阳.碳达峰、碳中和纳入生态文明建设整体布局的战略设计研究[J].环境保护，2021，49（16）：8-11.
② 尤立思，闵晓蕾，袁翔，等.超学科范式下的设计学人才培养模式探究[J].家具与室内装饰，2021（9）：128-131.

三、生态设计教育的中观激励——生态链接

在生态设计教育过程中,中观层面的激励机制通过生态链接将生态设计教育理论付诸实践,其过程包括政府政策引领、企业品牌导向、高校课程设置和非政府组织活动等力量。首先,政府在生态设计教育中起着引领作用,它通过制定相关政策为生态设计教育提供制度保障和资金支持。通过颁布绿色建筑标准、推动环保科技研发和提供专项补贴等措施,激励高校和企业积极参与生态设计教育实践。其次,企业在生态设计教育中起着关键的导向作用,它通过品牌建设和市场推广引导消费者选择生态友好型产品,并推动生态设计理念的普及。以产学研合作支持高校生态设计研究和教学,提供实践平台和资源以培养具备实操能力的生态设计人才。再次,高校是生态设计教育的关键构成部分,它可根据社会需求和行业发展设置相关课程和专业,培养学生的生态设计理念和技能。通过引入最新科研成果和行业动态,以确保教学内容的前沿性和实用性。此外,高校还以开展实习项目、合作研究和国际交流提升学生的综合素质和实践能力。最后,非政府组织在生态设计教育中也发挥着重要作用。通过开展宣传教育、组织培训和提供咨询服务,推动公众对生态设计的认知和重视。以搭建平台的方式促进高校、企业和政府之间的合作与交流,共同推动生态设计教育的发展。

四、生态设计教育的微观支撑——全民教育

1. 培育未来可持续社会意见领袖

社会学家保罗·拉扎斯菲尔德在《人民的选择》一书中提出:"意见领袖是在团队中构成信息和影响的重要来源,并能左右多数人态度倾向的少数人"。意见领袖在时代发展中的影响力正逐渐扩大,对未来可持续社会意见领袖的培育为全民设计教育提供了有力支撑。柳冠中认为:"好的设计,不只是技术概念,不只是经济概念,更多的是真正引导人们拥有理念,并合理地进行生活消费"。培育具有强烈生态意识的时尚领袖对生态设计教育具有重要的社会效应。尤其在当下,网络意见领袖向人们传播关于环境保护、资源利用和可持续发展等方面的知识,引导大众形成积极的生态价值观和行为习惯,以及生态责任感。

第一,以全息生态思维培育生态意识。全息生态思维教育是指通过系统的教学方法培养学生形成综合性的生态思维,能够深刻理解生态系统的复杂性和

相互关联性。不仅包括对生态学基础知识的传授，还涵盖了生态伦理和价值观的培养。教师不仅要传授技术和方法，还要树立责任感，更要让学生认识到生态设计是一种社会责任[①]。如北京师范大学通过"设计走进美丽乡村"项目将学生带入乡村的生态环境中并开展设计实践活动，在真实环境中思考生态与发展的关系以增强学生对生态设计的理解。

第二，引导学员对生态设计理论和实践进行深入研究。应为学员提供多样化的在地教学模式，如案例分析、项目参与、实地考察等，建立起对生态系统运行规律的认识，为后续生态设计实践奠定基础。

第三，培养生态伦理观并鼓励跨学科学习研究。生态设计涉及多个学科领域，需要跨学科综合运用不同门类的知识和方法来解决复杂的生态问题。通过全面的生态思维训练，学习者可以逐步形成全息生态思维，并将生态设计原则应用于各领域实践中，帮助大众更好地理解和应对复杂的日常生态挑战。

通过以上多维度的教育方式，可有效培养学习者的社会责任感和可持续发展意识，为未来生态社会的建设作出积极的贡献。

2."碳"寻生态设计教育绿色闭环

"闭环"一词最早出现在管理学中，它是美国管理学家戴明博士创立的"PDCA"循环模型，也称戴明环或质量环，并广泛应用于质量管理和持续改进过程中。"PDCA"循环包括计划（Plan）、执行（Do）、检查（Check）、行动（Act），为螺旋上升的知识增长模式，每一层都是一个独立的"PDCA"循环。史铁生提出了"教育闭环"的理论，认为教育不应只是单向知识传递，而是一个多方参与、相互作用的过程，通过不断地反馈和调整形成完整的教育系统。

以"双碳"理念引领生态设计教育绿色闭环发展，并探寻生态设计教育的创新模式构建，是当下全民生态设计教育的重要环节。生态设计教育绿色闭环的构建由三部分构成，一是外部投入，即人、物、财力和信息输入；二是过程转换，它关系着生态设计教育是否能永葆活力与创新力，是处理和控制输入输出的关键核心；三是成果输出，即通过生态设计教育培养优秀的人才与产出的研究成果。生态设计教育绿色闭环构建的重点是"过程转换"环节，其中政府、企业、学校、社区、个人是关键性因素。培养不同群体的生态意识在生态设计教育中极为重要，由于不同群体拥有不同的文化背景、教育水平、职业需求和社会角色，因此教学者需要采用多样化的教育方法和策略，以满足其特定的需求和学习背景。

---

① 高薪茹，张斐然.生态设计理念——艺术设计教育人才培养的绿色指挥棒[J].艺术教育，2015（11）：6.

政府通过制定环保政策、提供资金力量，在生态设计教育发展中起着引导和支持作用。如德国政府通过制定严格的绿色建筑标准，提供资金支持和技术指导并鼓励建筑企业采用生态技术，不仅提高了建筑的环保性能，还推动了绿色建筑市场的发展。政府在区域数字鸿沟弥合中也起到了主导作用，推动在线生态设计教育资源在实质上不断优化，是生态设计教育闭环的核心构成。

企业在信息时代的生态设计教育平台运行中发挥着至关重要的引擎作用，它通过不断更新企业技术和先进设备为用户提供有效的学习通信工具，从而突破空间和地理限制，并实现了生态设计教育资源的广泛传播和应用。闭环意味着高度自主，这是企业创新的重要基础[①]。企业技术升级不仅能扩大未来的生态设计教育新模式的应用，还能为信息时代的生态设计教育架构奠定坚实的基础。通过提供先进的技术解决方案，企业推动生态教育从传统课堂的教学方法向更加灵活和个性化的学习模式转变，推动生态设计教育从以供给为驱动的教育服务转变为以需求为导向的教育创新。

学校是生态设计理念传播的重要载体，学习者通过在学校开展生态设计理论课程和实践活动提升生态意识和设计能力。以"线上+线下双驱动"模式帮助学校破除传统教育限制，是推动生态设计教育时尚的有效途径。学校还可以与企业和社区合作开展生态设计实践项目研究，增强具身认知以提高学习效果。

社区在生态设计中也扮演着至关重要的角色。社区居民作为当地生态环境的直接接触者和长期受益者，拥有最丰富的地方认知和真实的场所体验。因此，他们的参与能够确保生态设计方案更符合本地的实际需求，从而提升项目的可行性和持续性。纽约的高线公园由废弃高架铁路改造而成，在整个设计阶段和建设过程中，社区居民的全过程积极参与起到了关键作用。该社区居民积极参与前期设计和后期建设，并不断通过公众听证会、社区活动等形式提出意见和建议。其意见内容不仅涵盖了对公园具体功能和设施的设计需求，还蕴含了当地居民对生态环境保护和社区发展的期望。社区人群的共同参与促使纽约高线公园不仅成为城市绿地的典范，更推动了周边社区的生态环境复兴。

个人在构建生态设计教育绿色闭环模式时是社会不可或缺的力量。它可以对企业技术的使用效应进行实时反馈，利于企业对教育平台进行不断优化，还可反馈教学情况，帮助教学者不断反思和提升教学研究水平。在线教育给个人带来了新的文化消费模式和丰富的教育资源，使个人从社群以及特定阶层中脱

---

① 程海燕，唐兆刚. 教育出版社融合出版生态闭环策略刍议 [J]. 中国出版，2020（15）：25-28.

离，突破阶层思维固化，同时可使其享有平等的教育机会。

由此可见，生态设计教育的发展离不开全民的广泛参与。生态设计不仅需要设计师和生产者的努力，还需要政府、企业、学校、社区、个人的相互协同以实现价值共创，形成生态设计教育的绿色闭环。

第三节　反馈机制——生态设计教育评估

生态设计教育应构建优质设计标准体系，从自然生态、社会生态、精神生态的三个维度综合考量和评价设计活动。可设立生态设计伦理或设计批评等相关课程，引导设计专业的学生主动对各类设计活动或者现象进行反思[①]，以完善生态设计教育的反馈机制。

一、评估标准

确定生态设计教育的评估标准是确保教育质量和有效性的重要步骤，它涉及对生态设计教育目标、建立综合评估体系、改进教学方法和过程，注意社会影响和实践效果以及持续改进反馈机制等。

（1）设定生态设计教育目标。应明确反映生态教育的愿景和使命，包括培养学生生态意识、创新能力、跨学科思维和解决问题的能力等。

第一，应该考虑生态设计教育的多学科特征。生态设计教育涉及生态学、设计学、伦理学、美学、技术应用等跨学科知识，在制定教育目标时需充分考虑知识、技能、价值观等多个层面，以确保生态设计教育的全面性和有效性。

第二，生态设计教育需兼顾设计行业需求和生态发展趋势。教育者对行业发展趋势进行分析，对人才需求进行预测，不断更新对生态发展趋势的认知，以便及时调整生态设计教育的方向和内容。

第三，生态设计教育需面向不同层次和阶段的学习者。生态设计教育涵盖了教师、学生、社会人员等不同学习者，在制定生态设计教育目标时需考虑不

---

① 张长征. 从帕帕奈克设计伦理思考当代设计教育的意义——评《为真实的世界设计：人类生态与社会变革》[J]. 中国教育学刊，2021（10）：136.

同学习者的特点和需求，以确保生态设计教育目标的适用性，制定可操作性和可衡量性的清晰生态设计教育目标。

（2）建立综合评估体系。生态设计教育的评估是一个综合体系，包括多种评估方法和工具，需明确评估目的和范围，确立评估内容和指标体系，建立评估的反馈机制。

（3）改进教学方法和过程。需要选择适宜的多元化教学方法，以促进学生学习成果的提升。生态设计具有跨学科性与实践性特征，因此需要运用多元化教学手段来激发学习兴趣与参与度，推动其深层次学习与能力提升。可采用实践导向的具身化教学模式，通过实际项目和案例分析培养学生的实践能力和创新思维。

（4）注重社会影响和实践效果。生态设计教育评估应关注其实践效果和社会影响，包括教育对社会可持续发展的贡献、学生参与社会实践及公益活动情况等。注重培养学生的社会责任感和使命感，让他们在实践中积极参与社会发展和生态环境保护。

（5）持续改进反馈机制。生态设计教育评估标准是一个持续改进的过程，需要建立有效的反馈机制和评估周期，及时了解生态设计教育的效果及问题，并采取相应的改进措施。

通过建立有效的持续改进和反馈机制，可不断优化生态设计教学品质和成果，满足学生和社会的多样化需求，并推动生态设计教育的正向发展。

二、评估内容

生态设计教育的学习成果评估为学生提供了明确的标准，有助于提升其在生态设计领域的真实学习能力与成绩。学习成果是指学生在生态设计教育过程中所取得的知识、技能、态度和价值观等方面的成果和表现，这些成果通常分为认知层次、技能层次和情感层次方面的内容。认知层次包括学生对生态设计理论、原则和方法的理解和掌握程度，可通过跨学科合作、案例研究、讲座和研讨会等来加深学生对生态设计的认知和理解；技能层次包括学生在生态设计实践中所具备的技能和操作能力，可从设计技能、项目管理和实践操作方面来促进学生的能力水平的提升；情感层次包括学生对生态环境保护和可持续发展的态度和价值观，可从生态设计伦理、生态设计美学、生态设计实践等方面引导，使其共同参与项目设计，激发学习者对生态环境的具身认知。

第四节　共同缔造——生态设计教育资源整合

一、优秀传统文化赋能生态设计教育

中国传统文化将人与自然视作紧密相连的整体，强调以敬畏之心对待自然并与之和谐相处，以实现人与自然的共生共荣。在历史发展及演变历程中，先民意识到自然界各种现象及规律与其生产和生存密切相关，因此他们尊重自然、尊重生命，致力于维护生态平衡。传统生态理念是一种正向的价值观，为当今的生态设计教育提供了深远启示。

（1）崇俭节用的消费观

中国自古便有诸多关于崇俭节用的观念，《墨子·辞过》中记载，"风雨节而五谷熟，衣服节而肌肤和""俭节则昌，淫佚则亡""节于身，诲于民，是以天下之民可得而治，财用可得而足"。墨子主张自然界的万物都要讲究节制，这样才能五谷丰登、身体安逸。他认为，节俭惜物才是经济不断繁盛的根本，而骄奢放纵必然导致灭亡。

在生态设计教育中，可引入古代先民崇俭节用的生态理念，并将课程思政以柔性方式渗入课程内容，引导学习者思考应如何珍惜和合理利用资源，减少浪费并注重资源的可持续利用。例如智能家居设计中，可思考如何实时监测能源和水资源的使用情况，并提供节能建议和奖励机制，激励用户养成节俭的生活习惯。培养全息设计思维探索创新生态方案，用设计影响用户行为，提升全社会的资源利用效率和资源节约的生态意识。

（2）物尽其用的造物观

《道德经》第二十七章记载："是以圣人常善救人，故无弃人；常善救物，故无弃物，是谓袭明。"《长短经·卷三》中提到："天下之物，为水火者多矣，何忧乎相害？何患乎不尽其用也？"古人提倡物尽其用，充分发挥各种物品属性及功能，尽其功用。例如，竹子从生根发芽到傲然成竹的过程中，古人根据它各部分不同的特点制造出与其对应的器物。竹根经根雕技术可制成各种精美的工艺品，如茶宠或茶叶罐等；竹竿被广泛应用于制作各类实用家具，如竹椅、竹桌、竹箱等；竹子经劈篾、抽丝等工艺加工后，又可将其制成篾条，以供编制多种生产生活用具，如竹篓、竹帘、竹篮等；而较细、较软的竹枝则适合制作轻而小的用品，如竹扇、竹扫帚等。此外，利用不同部位竹材的多样化特性还可将其制作成各种用途的器物，比如利用竹的韧性制作弓

弩、钓竿，利用竹的抗压性制作撑杆、伞柄，利用竹的承重性制作竹楼、竹桥，利用竹子性凉的特点制成竹席等消暑用品，用其中空的特性做成竹筏、竹笛等乐器。竹器是从大自然中提炼而来，完成了造物使命后又以养料形式回归自然。纵观竹器的设计历程，其所蕴含的造物理念可谓"物尽其用，无微不至"[①]。

在生态设计教育中，教师需提倡学习者重视材料的节约和高效利用。例如，在设计建筑时尽量采用再生材料或就近取材，以减少运输成本和对环境的影响，同时通过精细化设计减少材料的浪费，引导学习者了解各类材料的属性与特质，遵循科学、合理和节约等原则的基础上实现建筑功能的最大化。通过培养学习者关注设计功能、材料利用效率、市场需求和生态效益，使其成为兼具生态意识和社会责任感的人才。

（3）循环利用的设计观

西北窑洞民居几乎完全采用生土建造，可谓地道的土法建筑。生土是传统民居建材中未经烧制的土壤。就地取材、易于获取的特点降低了开采和运输成本，具有诸多生态优势。通过将泥土夯实、捶压后砌筑成墙体，夯土施工过程中通过"取土、支模、夯筑、拆模、修整"等步骤形成丰富的表面肌理层次[②]。它可以循环利用，并和其他材料如石块、石灰、沙、竹、木等材料一样，都是乡村中可就地取材的材料或废弃物。夯土墙使用的土壤因各自地域的不同呈现了不同的颜色和肌理变化，有着天然的美感。生土民居室内冬暖夏凉，还具有良好隔声和降噪性能。

生态设计教育需引导学习者聚焦当今生态设计时尚的发展前沿，并考虑如何延长物品的使用生命周期和对废弃物进行循环利用。例如，建筑可通过全生命周期设计追踪碳排放、碳足迹的数据，综合考虑建筑材料选用、建构方式、建筑拆除和再生利用等整个建造环节，以及跟踪和评估建筑、人群活动对周边环境的生态影响。另外，还可考虑如何将"天然材料+智能化"结合，如结合纳米技术、分子生物学、界面化学以及物理模型等领域的技术，配制出具有特殊性能的仿生木材。诸如日本、德国等国家的乡村住宅中较多采用装配式建筑的方式，利用可再生循环的木材等作为房屋装配架构，研发农用废弃物再利用的材料作为隔层、管道和建筑构件等。这些将新型生态建材逐渐代替纯天然材料尽力降低对环境所造成负担的思路，在生态设计教育中都是非常

---

① 胡梦妮. "物尽其用"造物思想在竹器设计中的应用[J]. 艺术市场，2024（2）：104–105.
② 舒悦. 乡村生态社区设计研究[M]. 北京：中国发展出版社，2022.

值得借鉴的。

（4）朴素简约的审美观

《道德经》提到"道常无名，朴。虽小，天下莫能臣"。老子认为"朴"是至高无上的存在，将其视作"道"的代名词。庄子进一步传承了老子的哲学思想，并提出了"朴素而天下莫能与之争美"的道家审美理念。《庄子·山木》中提到："既雕既琢，复归于朴"，万物即便经过了精雕细琢，若要评判其美丑，最终都将回归到万物的自然本真、本性朴素状态。庄子认为，"朴素"美是无可争议的至美，其他形式的美均无法与之相提并论，可见"朴素"在道家思想中地位之超然。

德国建筑师密斯·凡·德·罗于20世纪初期提出"少即是多（Less is More）"的设计理念，提倡用减法来创作，并最大限度减少设计要素与细节，用简约的方式传达更多的意义与美；法国建筑师勒·柯布西耶在其建筑设计理念中强调，去掉建筑中不必要的装饰元素，并让建筑环境和内部空间呈现其原始风貌，在他看来即便水泥基层墙面也隐藏着原始的野性之美；美国设计理论家维克多·帕帕奈克在《为真实的世界设计》一书中指出，设计领域里存在诸多"无用设计"，他认为设计应与"真实世界"相连接，应将设计置身于整个社会远景并为人类与环境的未来发展而服务。

朴素简约的设计方案更容易被实施和管理，从而降低整个项目的成本和风险。将朴素简约的理念与教育相结合，能够为全息生态设计注入新的活力和意义。

（5）"天人合一"的哲学观

在中国传统文化中，人们遵循"天人合一"的"和合"哲学观，强调尊重自然规律，顺应自然节气和气候变化进行农业生产，避免过度开发和破坏自然资源。在这种文化背景下产生了许多有关生态保护的传统，如我国的"稻田养鱼"技术已传承千年，是一种典型的可持续的农业模式。通过在稻田中养殖鱼类，利用鱼的排泄物为水稻提供天然肥料，同时用鱼类控制虫害的滋生，这种方法不仅提高了粮食产量，还保护了水资源和土壤质量。再如，梯田是中国南方和东南亚地区的一种传统农业形式，通过在山坡上修建梯田可有效防止水土流失并提高土地利用率，并形成水稻种植的独特景观。

此外，许多宗教信仰中也包含了对自然的崇敬，如中国西藏的神山被视为至高无上的存在，促使人们珍惜并保护这些自然景观生态。在印度，河流、山脉和森林都被视为神圣的象征。恒河被认为是印度教的圣河，促使人们采取积极的措施保护水源的清洁，以维护这些神圣之地的纯净和生态平衡。

（6）造物规范与法规

孟子在《孟子·离娄章句上》中提到"不以规矩，不能成方圆""继之规矩准绳，以为方圆平直，不可胜用也"，强调了造物形制规范对于生态发展的重要性。古代造物通过规范尺寸与构造对设计进行规划、组织与管理，以保证高效、高质与低损耗。《考工记》是我国已知的第一部系统记述官营手工业设计规范和制造工艺的书籍，保留了先秦大量的手工业生产技术和工艺美术资料，记载了一系列的生产管理和营建制度[①]。《营造法式》也规定了一系列榫卯连接的木质构件的尺寸标准体系。因此，当代生态设计教育应提倡建构设计规范引导人们的生态行为，围绕人体工程学、材料力学、心理学等内容，以确保设计在满足生态要求的同时，能最大限度提升用户的使用体验。

我国早在帝舜时期就设立了管理山林、川泽、草木、鸟兽的官员——虞，这也是世界上最早的环保管理机构，其职责是制定相关政策和法令保护自然资源。我国古代还制定了一系列的自然环境保护法规及其配套措施，如秦王朝的《田律》、唐朝的《唐律·杂律》等。庄子、荀子等先贤及管仲、商鞅等改革家们都曾提出过"以时禁发"等生态保护思想，强调在利用自然时要遵循固定时限，主张通过法制手段保护生态资源。国家通过制定和实施相关法律法规，对人们在造物和使用过程中的行为进行规范和限制，以保护生态环境的完整性。

现代的生态政策法规包括环境保护法、土地管理法、资源开发利用法等，旨在限制对自然资源的过度开采，来平衡经济增长和生态环境的保护。生态设计教育应强调设计者需密切关注与生态保护相关的法律和条例，以确保设计活动不会对生态环境造成负面影响。

在生态设计教育中，历史传统和经验都是宝贵的教学资源。通过学习和借鉴古老的生态保护和生产方式，能更好地理解人与自然的关系，激发人们对生态环境的热爱和保护意识，实现全民共同维护生态环境的理想状态。

二、思辨设计方法融合跨学科培育研究

英国皇家艺术学院的安东尼·邓恩和菲赛娜·雷比教授首次提出了"思辨设计"，并在其2017年出版的《思辨一切：设计、虚构与社会梦想》一书中深入探讨了设计作为一种思考工具的潜在应用可能性：这种形式的设计以想象力

---

① 玉学院.说文解玉（六）[J].收藏与投资，2016（8）：4.

为基础，旨在为有时被称为奇怪的问题开辟新的视角，并创造讨论和辩论的空间，激发和鼓励人们的想象力自由流动。马特·马尔帕斯认为，思辨设计作为设计实践的一种特殊形式，主要侧重社会科学和社会技术问题。学者卡尔·迪索尔武在设计未来在线国际会议（IC DF2020）上发表了主题为"思辨之物转向思辨活动"的演讲。他指出，设计师应转换身份成为教育者或学者，以谦虚的姿态与公众共同思辨社会与未来[①]。

如果说传统设计关注的是当下现实事物及如何通过设计改变生活，那么思辨设计关注的则是未来世界中设计能够产生的可能性，是实现社会愿景的助推器。与"设计是来解决问题"的传统设计含义不同，思辨设计主张设计不仅要解决问题，还需提出问题。其实施通常涉及对未来社会和科技趋势的预测，以及对这些趋势可能引发的影响进行批评、质疑或探讨。它旨在挑战并超越现有的思维范式，以激发创新思维和深层次的思考。我们可以将思辨设计理解为思辨和设计两个部分：思辨部分代表了抽象思维层次，是一种理性思维方式。设计环节实则是具体的执行过程，其目的是将设计理念成功地转化为具体的实践成果。

因此，一方面，将思辨设计这一注重未来和可能的独特设计方式纳入生态设计教育体系，可以有效地促进未来生态设计教育发展[②]；另一方面，思辨设计作为一种思辨技术哲学的表现形式，有助于推动生态设计向跨学科的方向发展。

1. 思维与观念的引导

王受之教授在文章《中国设计教育批判》中提出"设计教育教师队伍的建设要有新思维"，并分析了课程管理体系和教学模式僵化的问题。因此，生态设计教育需要从其他学科中吸取经验和知识，将生态环境健康、生态服务功能等有机融入教学体系，并通过思辨设计方法等促进学习者的跨学科设计能力、生态意识、社会责任感和创新精神的全面提升。

首先，生态设计教育应注重"显性"效应，引导设计成果避免对社会环境健康的不良影响。以荷兰公平手机（Fairphone）公司的模块化手机设计为例，其模块化设计涉及产品生命周期的各个阶段，均遵循了材料再利用和能效优化等原则，降低了电子废弃物对环境的负面影响。此外，在供应链管理中也力图降低对有限资源的过度开采，减少环境污染并确保生产过程中的社会责任。通

---

① 张琪，王志鸿. 艺科融合下的思辨设计教学探究[J]. 湖北理工学院学报（人文社会科学版），2024，41（1）：56–62.
② 张钊玮，向云波. 跨学科的设计教育研究——以思辨性设计课程建构为例[J]. 设计，2023，36（15）：97–99.

过整合环境、经济和社会因素，寻求可持续发展路径，实现对生态环境的最大保护和提升。

其次，生态设计教育应关注"隐性"影响，密切关注个人身心健康与生活质量。英国曼彻斯特玛吉癌症疗养中心（Maggie's Centres）是一家致力于提供癌症患者护理的慈善组织，其建筑环境设计不仅考虑了实用性和功能性，更注重空间情感，通过温暖的色彩、自然光线的运用及舒适的空间布局，营造了一种家的氛围，并给患者带来了安全感和归属感，对治疗效果产生了积极的影响。生态设计教育应培养学生综合考虑"隐性"心理健康的设计理念。

此外，生态设计教育可利用思辨设计方法通过构建假设性未来情景，运用跨学科的思维方式引发对技术、社会和生态问题的深度思考。例如，"系列家庭机器人"是思辨性生态设计实践的典型案例之一，于2009年由英国艺术家詹姆斯·奥格尔、吉米·卢瓦佐和亚历克斯·齐凡诺维奇共同设计并制作完成。它融合了生物技术和思辨性设计思维，成功打破了人们对传统工业设计的固化观念，将昆虫视为生物能源并通过生物技术将其转化为电能，遵循资源循环利用和可再生能源的核心原则，减少了对传统能源的依赖和对环境的影响。不仅激发了社会对未来生物技术创新的深入思考及辩论，也激发了人们对未来生活环境中生物技术产品和服务可能性的跨学科思考，为解决生态问题提供了新的思维方式。

2. 研究与教学的探索

2021年第41届联合国教科文组织大会发布的"学会融入世界：为了未来生存的教育"报告强调，预计到2050年，生态系统的重要性将深入人心。

为了适应新观念和思维方式的转变，我们需要创立新的生态教育模式。美国的乔柯·穆拉托夫斯基教授将跨学科设计研究定义为一种混合模式，高度重视研究型设计教育可助力于培育具有独立研究能力和跨学科思维方式的设计人才。设计理论家维克多·帕帕奈克强调了高技术功能主义对人类心理需求的模糊性，并认为社会科学为我们提供了丰富的可供借鉴的新知识。然而，令人遗憾的是，当前的生态设计师和生态设计教育大多忽略了这些新兴知识的影响。

在生态设计教育研究领域的探索中，国内大学正积极寻求将人文思辨融入教育的方式。例如，中央美术学院设计学院课程"设计生命——健康设计舒适化诊疗专题研究"。此课题体现了在"新文科"建设背景下，设计学科与新工科、新医科、新农科的交叉融合，以及如何在领域、结构及方法上进行教育创新。该研究基于"大健康"的概念，涉及诊断治疗、康复生活、健康管理和安宁疗护等多个环节，通过前瞻性场景模拟，探讨跨学科合作如何减轻医患双方的焦虑。本课程从舒适化生态医疗设计的角度出发，引导学生从多个批判性视角，如"主体与身体感知""情绪与社会研究"以及"科技与未来人类"来分析目前的健康产业状况及其未来的发展趋势。学生基于医疗资源短缺的背景下，融合了人文关怀、医患关系和压力疏解等需求，进行了人文思辨视角的生态设计的跨学科创新实践。

三、元宇宙媒介构建生态设计教育新视界

元宇宙（Metaverse）作为一个虚拟与现实深度融合的数字生态系统，正在重新定义人类的互动和学习方式，它为生态设计教育提供了前所未有的机会和挑战。2022年9月13日，全国科学技术名词审定委员会对"元宇宙"释义达成共识：中文名"元宇宙"，英文对照名"Metaverse"，释义为：人类运用数字技术构建的，由现实世界映射或超越现实世界，可与现实世界交互的虚拟世界[①]；清华大学沈阳教授认为，元宇宙是整合多种新技术而产生的新型虚拟与现实相融合的互联网应用和社会形态，它基于扩展现实技术，提供沉浸式体验，以及数字孪生技术生成现实世界的镜像，通过区块链技术搭建经济体系，将虚拟世界与现实世界在经济系统、社交系统、身份系统上密切融合，并且允许每个用户进行内容生产和编辑。支撑元宇宙媒介的六大技术支柱，包括智能网络（Network）技术、物联网（IOT）技术、人工智能（AI）技术、交互（Interactivity）技术、区块链（Blockchain）技术、电子游戏（Game）技术。

元宇宙是将物理与信息相互融合的世界，元宇宙媒介将实时环境、资源、对象和模式的动态信息传达给学习者，同时学习者在实际物理世界中的生理和心理活动信息也可以传递到元宇宙的相关媒介中。在信息双向交流的过程中，学生的实际操作和体验数据可以直接决定元宇宙的教育成效，并满足他们自我探索和实现的特定需求，例如可根据受教育者的脑电波、心电图、体温、呼吸、眼球运动和面部表情等数据判断其生理和心理状态。因此，个体生理和心理状态数据是评估和调整生态设计教育过程的重要依据，以确保生态设计教育的有效性和个性化。

在以元宇宙媒介技术为支撑的背景下，教育者可以用数字化手段拓展生态设计教学方法，引导学习者更直观地了解生态设计理念和实践案例，以增强沉

---

① 任达，王舒一. 具身参与和智能叙事：以六自由度虚拟现实为中心的元宇宙电影体验的考察[J]. 当代电影，2023（5）：158–165.

浸式学习效果。例如，加拿大卡尔加里大学的生态设计课程通过模拟生态系统的交互和影响，帮助学生深入理解生态设计原理和方法。学生可以在虚拟环境中进行生态系统模拟实验，并通过在线论坛和讨论组与教师和同学进行互动交流，拓展教学方式和学习手段。

1. 人机共生筑生态设计教育共同体

进入 21 世纪以来，新技术浪潮不断涌现，大数据、云计算、人工智能和机器学习迅速进入各个产业并推广应用。从经济系统到教育系统，再到科研系统，乃至整个社会的生活方式都在经历显著变革。"人机共生"代表了人类对未来发展的愿景，是构建未来自然、社会、精神生态的重要途径。在人机共生的环境中，机器人将承担设计所需的责任和任务。它可以释放设计师的时间和精力，同时也能提高设计效率和质量。人机共生技术还通过传感器网络和大数据分析等手段提高资源利用效率，并为设计师提供虚拟实验平台，减少实际试验中的资源消耗。

人机共生与生态设计教育之间存在着紧密关系，二者相辅相成，共同促进环境保护意识的提高、生态技术创新以及可持续发展理念的实现。依托人机共生，生态设计教育可培养能够深入理解环境与技术之间的关系，并学习如何通过技术创新来解决环境问题的人才。

从 2016 年"人工智能"一词首次被写入"十三五"规划纲要到 2019 年《中国教育现代化 2035》发布，以及党的二十大报告中首次将教育、科技、人才三者融合，为人机共生的生态教育系统构建奠定了基础。2024 年十四届全国人大二次会议报告指出，制定支持数字经济高质量发展政策，积极推进数字产业化、产业数字化，促进数字技术和实体经济深度融合。深化大数据、人工智能等研发应用，开展"人工智能+"行动，打造具有国际竞争力的数字产业集群。由此可见，"AI+"是在 AI 的基础上，以信息技术产业为核心的教育链、人才链、产业链、创新链等有机融合。它代表的是创新社会模式，即充分利用"人工智能"在社会中的潜能，将其所创新的成果深度融合到经济和社会各个领域，以提高创新力和生产力，形成以互联网为基础设施的广泛生态经济发展新模式[①]。未来，人工智能教育将更加注重将生态设计与科学技术的融合，通过人机共生的关系构建"AI+"生态设计教育共同体，是生态设计教育的重要研究方向。

---

① 冯由玲, 孙铁铮, 沐光雨, 等. "双一流"背景下培育财经高校国际化英才的理论研究与实践 [J]. 知识经济, 2019 (30): 165, 167.

在"AI+"的生态设计教育环境中，教学系统具有开放性、非线性以及动态性特征，教育者可以通过智慧教学，以人机共教、人机共学、人机共融来促进"AI+"数字化生态教学样态发展，并与生态设计的未来发展趋势相契合。

2. 艺科相融促进全民生态设计教育

美术、艺术、科学、技术相辅相成、相互促进、相得益彰，深刻阐述了艺术与科学在构建人类文明进程中协同创新的共性逻辑。包豪斯时代的格罗皮乌斯以"艺术与技术的新统一"为设计原则，主张在设计过程中将科技和艺术创新紧密结合。目前，随着互联网和计算机技术的飞速发展，传统的设计方法正在遭遇前所未有的挑战。在工业 4.0 时代的背景下，信息技术、数字传媒和智能科技的飞速进步已经深刻地改变了艺术设计人才的培养模式[①]。清华大学鲁晓波教授以莫比乌斯环比拟艺术与科学的拓扑相生关系，强调了艺术与科学在当代社会中的重要地位及其共同推动社会发展的潜力。2023 年全国两会政府工作报告提出，高等教育创新应面向数字经济时代的发展需求，新文科继承与创新、交叉与融合、协同与共享的理念，为新艺科的发展提供了契机[②]。"文化和科技的深入结合"这一国家政策为生态设计指明了清晰的发展路径，通过艺术与科技相结合的方式拓展传统生态设计的边界，并促进不同学科间互动和合作，以培育学习者的生态设计创新能力。

例如，英国的绿色项目伊甸园项目（Eden Project）将艺术视为利用技术直接向大众传递信息的工具，并通过艺术与科技的融合进一步推动生态环境的建设。该项目运用一系列科技工具和艺术的展示方式呈现生态系统，引导参与者通过公共艺术装置和虚拟种植模型进行产品生态价值的二次评估。在参与保护自然、改善生活质量的行动中帮助公众树立正确的生态观，加深了人们对生物多样性、全球社会群体和自然资源之间关系的理解[③]。由此可见，艺术与科技深度结合可以促进生态环境的良性循环，并进一步推进了全民生态设计教育发展。

再如，元宇宙媒介构建了新的生态设计教育视界，在乡村振兴中可以创新发展生态设计教育传播模式。将"田园综合体"元宇宙化，构造出一个未来乡村的虚拟化实体场景，缩短传播链条以取得较好的传播效率。用超越现实场景

---

① 张琪，王志鸿. 艺科融合下的思辨设计教学探究 [J]. 湖北理工学院学报（人文社会科学版），2024，41（1）：56-62.
② 丁方，孙含露. 新文科视域下综合类高校新艺科建设研究 [J]. 美术，2022，652（4）：12-18.
③ 尤立思，孟晗，赵云彦，等. 文化生态融合下的生态教育业态共创设计研究：以 Eden Project 为例 [J]. 装饰，2023（9）：117-123.

的逼真感让农民深刻感受家园未来的变化，从而有力激发农民对乡村振兴和生态环境构建的积极性，促进"文旅农"生态一体化的创新发展模式，为全民生态设计教育开启了新视界。

艺术和科技的融合不仅能提升生态设计教育的技术含量与趣味性，还能增强有效性。与此同时，艺术与科技的结合本身也是一种生态表现，在潜移默化中起到了教化作用。

四、文化生态融合下的学习范式转换

1. 具身认知引领生态设计教学

法国学者莫里斯·梅洛–庞蒂在现象学研究中系统地提出了"具身化"概念，认为具身化是人们在身体与世界关系情境中对身体的体验过程。具身认知强调身体与环境的密切联系，认为人通过身体在环境中的感知、体验和知觉从而形成认知。认知是身体、行为和环境共同作用的结果，不同的反应构成了文化语境的重要力量。具身认知具有身体参与性、情境化和交互性，社会、文化、意识形态以及自然环境也会反作用于人的身体行为与认知。

在文化生态融合下的学习范式转换中，自我主体意识重建是一个关键环节，这一过程使学习者从被动的知识接受者转变为主动的知识构建者。在生态设计教育中，让学习者通过身体感知更自然地将理论知识与实际行为相结合，以深化学生对生态知识的理解。例如，引导并带领学习者亲身体验不同生态项目的感官通道搭建、体验环境设置、情感认知交互等过程。在教学过程中，鼓励使用生物模拟法，观察自然界的解决方案以激发创意。通过工作坊和协作项目，邀请设计师、生态学家、社会学家等不同专业领域的专家共同参与，并可引入虚拟现实技术模拟真实环境，让学习者在虚拟空间中进行生态设计实验，提高空间感知能力和解决问题的能力。最后注重反思与反馈，鼓励学习者在设计过程中不断反思自己的体验和总结感受，以讨论和分享促进深层次的理解。用具身认知引领生态设计教学，使学习者在亲身体验中深入理解生态设计内涵。

2. 情感化投入在地探究式学习

将学习者与地方社区实践紧密结合，并通过情感认同深入体验和理解所学生态知识，以促进转化式学习。教师在具体的教学实践中应结合不断变化的地域生态，来完善生态设计教学体系。这一过程能很好地培养学生的社会责任感和公民意识，使其能够意识到自己的学习和实践对社区生态环境的重要性。鼓励学习者通过多种方式记录、研究和解决实际问题的过程并进行反思，以提升他们参与生态社区建设的认同感。

例如，在麻省理工学院的"项目实验室"课程中，学生通过选择感兴趣的科研项目自主设计实验、收集和分析数据，在此过程中教师仅提供必要的资源和支持，以培养学生自主解决问题的能力；赫尔辛基大学的"探究式学习"课程通过学习者选择和研究实际社会问题，如城市交通拥堵或环境污染等，令其自主调研、数据分析和实地考察，并提出解决方案，不仅培养了学生的自主学习和研究能力，还增强了他们的创新思维和团队合作精神；耶鲁大学的"社区服务项目"为学生提供了将理论与社区实践有机结合的机会，学生通过志愿服务直接融入社区生活与工作中，为解决社区生态问题出谋划策。在具身化实践过程中，学生不仅能将所学知识应用于实践，更能与社区居民密切互动，并深刻体验社区生活，从而产生了对社区的情感认同和投入。北京大学的"乡村振兴实践项目"同样为学生提供了重要的实践平台，鼓励他们参与农村发展和扶贫工作中。如通过设计农村旅游项目，探索当地独特的文化和自然资源，开展了农产品销售和教育支持等活动，用以帮助提升当地居民的生活质量。同时，也能深刻体会农村生活的魅力与挑战，并深入了解当地的需求和生态环境问题，从而激发起学习者对生态设计的深层次认知。

情感化投入在地探究式学习过程中，通过情感认同、自主学习、批判性思维和创造性活动，使人们重新认识自己的能力和价值，激发自主学习的动力和创新潜能，这些积极体验对于生态设计教育的深入开展具有重要意义。

3. 多元主体共创生态设计教育的未来

美国科学家奥尔多·利奥波德在《沙乡年鉴》里提出"生态共同体"的概念。他将生态系统比喻为"生命的金字塔"，认为它是由各组成部分间的合作和竞争所形成的"共同体"。在生态设计教育中，多元主体包含不同背景和行业的主体，如学校、企业、政府、社区和个人等，需从生态视角探索生态教育的多元主体的协同与多元化实践路径。

此外，随着人与机器的协同融合模式的逐渐完善，环境生态问题也从初级到高级日益复杂。我们应利用"多元共治"教学理念和"多主体参与"教学模式，鼓励不同专业背景和利益的主体共同参与，并贡献各自的知识、资源和能力。通过全社会协同合作，以应对未来生态设计教育的新问题。

还需强调的是：未来将商业和生态设计教育紧密结合，用价值共创模式促进环境、社会、经济和文化等的生态良性发展，为实现自然生态、社会生态、精神生态"三态和合"的全息生态设计构建绿色发展闭环，是推动全民生态设计教育最有效的途径。

余论 三态和合：全息生态设计

一、反思

　　人类对自然的态度，就是对他人的态度，也是对自己的态度。工业化引发了城市化运动的发展，人类社会的经济快速增长通常以高消耗、高成本地攫取物质资源为代价，造成了人、自然与社会之间的生态失衡。21世纪的人类面临着许多问题和挑战，如人与自然的冲突（自然生态危机）、人与社会的冲突（社会生态危机）、人与自我的冲突（精神生态危机）。如何重新审视和处理人与自然、社会、自我之间的关系，是当下生态设计中亟待解决的主要问题。

　　当今数字化虚拟空间和人工智能的快速发展在改变人类生活方式和社会结构的同时，引发了一系列潜在的生态危机。虚拟空间的运行依赖于全球范围内的庞大数据中心，看似"无形"却导致了大量能源消耗和碳排放的增加。伴随着电子废弃物的激增，在占用土地空间资源的同时对生态环境造成了严重污染，如重金属泄漏和有毒化学物质挥发等。人工智能作为推动现代技术进步的核心力量，也造成了一些深刻的社会、经济和伦理困境，如算法偏见与社会不平等、隐私问题与数据安全、就业取代与经济不平衡、伦理责任模糊化等问题。因此，数字化虚拟空间和人工智能带来的"生态脱节"可能会导致人们对生态问题缺乏感知和关注，让"数字原住民"一代逐渐失去了对自然环境的亲近感，从而引发更多的生态问题。

　　人类面临的生态危机实质上是"无限欲望"与地球"有限资源"之间的矛盾，中国"和合"思想为调和此矛盾提供了一剂良方，对化解人类所共同面临的生态危机具有内在的生命力。人类在伴随科技发展的路途中迷失自我，在心粗气浮与急功近利的世界里，融突而"和合"的人文精神为人类生态环境发展解蔽了天、地、人和谐的共生之道。

　　人类既有物质需求，也有精神追求，而其生存所带来的危机同样有物质意义上和精神层面上的危机。为什么会出现生态困境呢？是源于自然条件的恶化，还是社会环境的变化？或是人内在精神生态的失衡？

　　当代著名思想家欧文·拉兹洛（Ervin Laszlo）在分析人类生态困境时认为，人类的最大局限不在外部，而在内部。不是地球有限，而是人类意志和悟性的局限阻碍着我们向更好的未来进化。生态危机表层上是人与自然、社会关系的失衡，但深层上更显著的是人与自我关系的失调。

　　回顾设计史，我们发现人类在享受现代设计文明的同时，也面临着设计带来的人与自然的疏离状态，以及设计活动对生态环境的破坏与负面影响。生态设计是在自然环境出现生态危机压力之下产生的设计思潮，是对"人类中心主义"和主客"二元对立"思维的"消解"与批判。它不是一种纯粹的科学概念，而是人类生活的一部分，是实现生态文明建设的载体。因此，系统地进行生态设计研究具有重要的理论与现实意义。

二、观点

1."全息"生态设计的提出

"全息"是生态系统中的部分与部分、部分与整体要素之间的"互动""联系""纠缠""链接""依赖"关系，是一种在设计过程中综合考虑社会、经济、文化和环境等因素的方法。在秉承"和合"文化精髓的基础上，自然生态、社会生态、精神生态三者共同构成了"全息"生态设计的内核。

全息生态设计是多元化与多层次的生态"和合"设计、信息时代物质环境与虚拟环境的全方位"和合"共生设计。它强调"非人类中心主义"，人类不再是自然的对立面，而是参与具有多种潜在可能的生态链之中，以适应生态系统循环不息的特性，使人类主体、社会、自然都不再是本质化的存在。全息元是生态系统中每一个具有生态功能又相对独立的部分，构成了整体的全息生态系统，与其他全息元以及整个系统同属一种全息同构的关系，分属自然生态、社会生态、精神生态等不同层次。

全息生态设计应秉承"和合"文化精髓，在差异中寻求统一、在变化中寻求稳定。站在全息视角，将自然生态、社会生态、精神生态"三态和合"，以实现自然生态与人文生态的设计思维同构，追求人与自然、人与社会、人与自我的和谐共存。

2."三态和合"的全息生态设计原则

（1）异构性原则

《三国志·夏侯玄传》中有言："夫和羹之美，在于合异。""和羹"不仅是对尊重事物多样性的精妙概括，也是对自然、社会和自我发展的深刻洞察。黑格尔在《逻辑学》中指出，真理只存在于同一与差异的统一之中。恩格斯延续其思想，认为"同一自身包含差异"。在生态文明建设中，自然生态设计、社会生态设计、精神生态设计是同一本质结构在不同层面的衍化，存在相似却又不同的内在精要。它们以"全息式"生态思维为纽带，用"和"共同追求自然生态与人文生态协调发展的主旋律，又以"分"在生态设计各个维度中发挥着不可或缺的作用。自然生态将人文关怀与自然生态保护进行有机融合，是生态设计之基；社会生态以促进社会生态环境良性发展为出发点，旨在为社会可持续发展及生态文明建设提供社会力量,是生态设计之善;精神生态从协调人与自我之间的关系为切入点,探析其对人类所产生积极健康的隐性精神影响,是生态设计之境。

生态危机既是人与自然的矛盾,又是人与社会、人与自我的矛盾所致。生态设计通过"异质同构"重塑人类生产与生活方式,"承认差异"并把多维度生态设计归于更高的同一性中。遵循"异构性"设计原则,在其"双重建构"中兼容并蓄,达到"美美与共,和而不同"。

(2)横贯性原则

横贯性具有无规则的特征,主张在有着多种力量共同作用的条件下进行多样性与创造性的自我构建,生成新主体。它站在"全息"式的生态视角,关注自然、社会、精神生态设计三者间的动态平衡性,从宏观到微观层面相互协调发展,以"中和中庸"之道共促生态平衡的"宜"。

自然生态设计、社会生态设计、精神生态设计三者在生态文明建设中,各自发挥着重要作用,缺一不可。人和自然不是二元对立的存在,它们与社会一起构成"人—社会—自然"的复合生态系统,是融通的整体性存在。正确处理其三者关系不仅需要人类思维和主体话语的转换,还需其"知行合一"道德实践方式的转变,而"中和中庸"思想则为此提供了可贵的生态理论支撑。

"中和"之"中"即务本,是天地自然万物的本原规律。"和"即乐本,是用"中"达到的事物理想境界。万物因合"中"而"和",是一种适度、有节的和谐状态;"虚则欹,中则正,满则覆",其"中庸"思想的要旨在于"执中""时中",在事物动态变化之中顺应时势,"无过无不及""恰如其分"地保持中正与和谐,是一种平衡、稳定的"横贯性"生态设计观。

(3)非线性原则

物质世界是复杂的,自然界事物的发展及其相互作用大多都是非线性的。吉尔·德勒兹(Gilles Deleuze)的块茎思维强调非整体性,推崇即刻性与偶然性,为"非线性"思想提供了有力理论依据[①]。非线性是相对于线性而言的概念,线性是自然界中互不相干的独立关系,而非线性则指事物间的相互关联和作用。非线性思维强调,生命与生命之间、文化与文化之间、自然与社会之间都具有某种关联和依赖性,是一种"全息"生态智慧。

"全息"是"非线性"的思维方式,生态系统的存在犹如一种量子全息状态,每个部分都以某种方式反映着整体系统状态。自然生态设计、社会生态设

---

① 朱力. 非线性空间艺术设计 [M]. 长沙:湖南美术出版社, 2008.

计、精神生态设计是"全息"生态设计的内核，三者是非线性且紧密联系的有机统一体。自然生态设计关注生物的多样性，为社会、精神生态设计提供良好的物质基础及技术支撑；社会生态设计关注文化的多样性，强调社会系统内部的生态关系的协调，为自然、精神生态设计提供坚实的社会力量；精神生态设计关注价值观的平衡，为自然、社会生态设计提供持续的内驱力和积极的审美观、伦理观。

生态设计追求人与自然的"诗意栖居之美"、人与社会的"和谐共生之美"和人与自我的"精神丰盈之美"。通过构建人与自然，人与社会、人与自我的"潜在空间"和"非线性关系"，让自然生态设计、社会生态设计、精神生态设计三者在非线性的发展中共生共荣，成为全息生态系统中彼此相嵌的齿轮，并推动生态平衡发展，实现"三态和合"的全息生态设计。

三、展望

生态设计不仅是自然生态与人文生态的设计思维同构，更是对人与自然、人与社会、人与自我关系的全面审视与重塑。德国社会学家马克斯·韦伯（Max Weber）曾指出，现代社会技术理性遮蔽了价值理性，导致科学精神与人文精神、技术与道德的分离，意味着人性的异化和文化的断裂。我们要将全息生态设计理念融入生态技术应用，让技术审美化和生态化在关注自然生态、社会生态的同时重视精神生态。

生态技术介入当下人居环境建造过程中，将在生态技术、储能材料等方面开辟越来越多的创新领域，碳减排与捕捉、碳核算与交易、数字孪生、AIGC、射频识别、地源热泵等技术在很大程度上影响着人们未来的生活方式，为实现未来零碳建筑、近零碳社区、零碳交通、碳汇景观等人居环境生态美的构想带来了极大助推力。可通过多学科和多领域的合纵连横，创造有利于生物多样性生存的生态环境，推动生态修复与生态平衡发展。

技术还可能会带来一系列的自然、社会、精神危机，如人与社会的冲突（贫富差距、人际疏离等）、人与自我的冲突（认知失调、超我与本我、角色冲突等）。"三态和合"的全息生态设计不但能应对当下生态系统的复杂性，还应消除未来元宇宙和人工智能所带来的生态危机，推动自然生态、社会生态、精神生态的持续良性循环，是实现生态文明建设的重要支撑力量。

值得一提的是，人们在物欲横流的社会中逐渐迷失了内在的精神追求，自然生态和社会生态失衡的背后也许是更为严重的精神生态的危机，这种趋势更深层次地揭示了生态危机对人类精神领域的侵蚀。因此，生态危机表层上是人与自然、社会关系的失衡，但深层上更为显著的是人与自我关系的失调，人类应高度重视精神生态设计的发展与影响。随着元宇宙、人工智能等蓬勃发展，人们以数码、符号、信息、图像的消费取代了对于地球有限物质资源的消费，生态危机是否就可以迎刃而解呢？人类炫耀挥霍的本性是否会止步于仅是虚拟信息与图像的消费？

在生态设计的实践过程中，既需要重视新技术的运用，又不能过分依赖新技术。应摒弃有害于生态环境和人体健康的技术，适宜、适度地运用当今新技术推动社会创新。遵循"异构性""横贯性""非线性"的设计原则，促进人与自然、人与社会、人与自我之间的和谐共生，实现"三态和合"的全息生态设计。

参考文献

[1] 张立文. 和合学概论（上下卷）：21 世纪文化战略的构想 [M]. 北京：首都师范大学出版社，1966.

[2] 鲁枢元. 生态批评的空间 [M]. 上海：华东师范大学出版社，2006.

[3] 吴良镛. 人居环境科学导论 [M]. 北京：中国建筑工业出版社，2001.

[4] 西蒙兹. 景观设计学——场地规划与设计手册 [M]. 朱强，俞孔坚，王志苏，等译. 北京：中国建筑工业出版社，2009.

[5] 杰里米·里夫金. 零碳社会 [M]. 赛迪研究院专家组，译. 北京：中信出版社，2020.

[6] 莱尔. 人类生态系统设计：景观、土地利用与自然资源 [M]. 骆天庆，译. 上海：同济大学出版社，2021.

[7] 卡森. 寂静的春天 [M]. 张雪华，黎颖，译. 北京：人民文学出版社，2020.

[8] 帕帕奈克. 绿色律令：设计与建筑中的生态学和伦理学 [M]. 周博，赵炎，译. 北京：中信出版社，2013.

[9] 帕帕奈克. 为真实的世界设计 [M]. 周博，译. 北京：中信出版社，2013.

[10] 诺伯舒兹. 场所精神：迈向建筑现象学 [M]. 施植明，译. 武汉：华中科技大学出版社，2010.

[11] 麦克哈格. 设计结合自然 [M]. 黄经纬，译. 天津：天津大学出版社，2006.

[12] 霍华德. 明日的田园城市 [M]. 金经元，译. 北京：商务印书馆，2000.

[13] 莱尔. 环境再生设计 [M]. 上海：同济大学出版社，2017.

[14] 里夫金. 零边际成本社会 [M]. 北京：中信出版社，2017.

[15] 章海荣. 生态伦理与生态美学 [M]. 上海：复旦大学出版社，2005.

[16] 曾繁仁. 生态美学——曾繁仁美学文选 [M]. 济南：山东文艺出版社，2020.

[17] 费孝通. 中国城乡发展的道路 [M]. 上海：上海人民出版社，2016.

[18] 邬建国. 景观生态学——格局、过程、尺度与等级 [M]. 北京：高等教育出版社，2007.

[19] 李约瑟. 文明的滴定 [M]. 张卜天，译. 北京：商务印书馆，2016.

[20] 艾琳. 后现代主义城市 [M]. 张冠增，译. 上海：同济大学出版社，2007.

[21] 原研哉. 设计中的设计 [M]. 朱锷，译. 济南：山东人民出版社，2006.

[22] 宋应星. 天工开物 [M]. 扬州：广陵书社，2002.

[23] 计成. 园冶注释 [M]. 陈植，注释. 北京：中国建筑工业出版社，1988.

[24] 王雨辰. 生态批判与绿色乌托邦——生态学马克思主义理论研究 [M]. 北京：人民出版社，2009.

[25] 陈守明. 深圳平面设计：一个完整的设计生态系统 [J]. 艺术设计研究，2022（4）：58-62.

[26] 窦志伟. 论元宇宙电影中的虚拟世界 [J]. 电影文学，2022（11）：58-62.
[27] 任平. 空间的正义——当代中国可持续城市化的基本走向 [J]. 城市发展研究，2006，13（5）：1-4.
[28] 方盛举，杨睿哲. 和合文化与中华民族共同体建设 [J]. 理论与改革，2023（4）：39-51.
[29] 马里内拉·费莱拉，刘强. 物联网时代的智能材料设计 [J]. 装饰，2020（1）：12-16.
[30] 张蔚. 生态村——一种可持续社区模式的探索 [J]. 建筑学报，2010（S1）：112-115.
[31] 匡晓明，陈君，徐进，等. 碳中和导向下的城市设计实践——以中新天津生态城临海新城生态岛为例 [J]. 城市规划学刊，2022（6）：110-118.
[32] 李文军，郑艳玲. 废弃电器电子产品领域 EPR 激励政策工具设计与分析 [J]. 江淮论坛，2021（3）：41-47，140.
[33] 圣倩倩，陈婕，祝遵凌. 生态效益视角下智能化植物绿墙系统设计路径 [J]. 装饰，2022（7）：130-132.
[34] 杨晨雪. 加塔利生态智慧中主体性生产思想论析 [J]. 南京林业大学学报（人文社会科学版），2023，23（1）：93-101.
[35] 於素兰，孙育红. 德国日本的绿色消费：理念与实践 [J]. 学术界，2016（3）：221-230.
[36] 张立文. 中国文化的精髓——和合学源流的考察 [M]// 中国哲学史编辑部. 中国哲学史（季刊）. 北京：哲学研究杂志社，1996，1-2.
[37] 钟芳. 设计师行动者：埃佐·曼奇尼与社会创新设计 [J]. 装饰，2024（2）：40-45
[38] 周恺，戴燕归. 乡村权：国外乡村空间正义理论的实证研究 [M]// 中国城市规划学会. 活力城乡美好人居——2019 中国城市规划年会论文集. 北京：中国建筑工业出版社，2019：1-8.
[39] 朱勤. 米切姆工程设计伦理思想评析 [J]. 道德与文明，2009（1）：88-92.
[40] 张旎. 信息时代展陈空间"叠扇图式"设计研究 [J]. 装饰，2023（9）：142-144.
[41] 王效康，韦宜佑. 基于图式融合的传统民居改造设计研究——以凤凰客栈为例 [J]. 装饰，2023（9）：124-127.
[42] 陈曲涵，朱力. 近年来国产医疗剧的故事建构与伦理表达 [J]. 中国电视，2024（7）：58-63.
[43] 朱力. 中国明代住宅室内设计思想研究 [M]. 北京：中国建筑工业出版社，2008.
[44] 朱力. 非线性空间艺术设计 [M]. 长沙：湖南美术出版社，2008.
[45] 朱力. 商业环境设计 [M]. 北京：高等教育出版社，2008.
[46] 朱力. 中国传统村落实证研究——高椅村 [M]. 长沙：中南大学出版社，2019.
[47] 朱力. 建造不能承受之"轻"——关于中国当代建筑设计的形式与象征 [J]. 美苑，2007（2）：71-72.
[48] 朱力，梅君艳. 友好型环境的设计伦理与设计师的社会责任研究 [J]. 城市建设理论研究（电子版），2013（2）.
[49] 梅君艳. 环境伦理学视野下的老年公寓外环境需求设计研究 [D]. 长沙：中南大学，2012.
[50] 朱力，王筱卉. 乡村视听审美的生态沉思 [J]. 湖南大学学报（社会科学版），2019，33（3）：122-126.
[51] 朱力，张嘉欣. 把乡村旅游做大做强 [N]. 人民日报（理论版），2017-02-23.
[52] 朱力，张嘉欣. 价值的回归——乡村营造的伦理思考 [J]. 湘潭大学学报（哲学社会科学版），2019，43（6）：99-103，109.
[53] 朱力，张楠. "广场舞之争"背后的公共空间设计伦理辨析 [J]. 装饰，2016（3）：69-71.

[54] 朱力，张楠. 人民日报新知新觉：城市规划应重视步行者视角 [N/OL]. 人民日报，2016-08-04 [2024-9-26]. http：//opinion.people.com.cn/n1/2016/0804/c1003-28609054.html.

[55] 朱力，张旎. 传统村落"蔽护型"景观遗产空间结构研究 [J]. 中外建筑，2023（1）：14-19.

[56] 朱力，张又方. 设计伦理之维——环境设计独创性的新视角 [C]// 中国美术家协会. 深圳大学. 第三届全国环境艺术设计大展暨论坛论文集. 第三届全国环境艺术设计大展暨论坛，2008（5）：114-115.

[57] 朱力，张又方. 生活方式与环境伦理——文人居住生活中的自然审美意识 [J]. 学术界，2008（3）：143-147.

[58] 朱力，赵晓婉. 为民生而设计——城市公共空间设计的思考 [J]. 美术观察，2016（5）：122.

[59] 朱力. 场依存·空间·文化心理——中国传统室内空间认知方式浅析 [J]. 家具与室内装饰 2007（5）：16-17.

[60] 朱力. 城市环境："视觉奇观" or "生活场所"？[J]. 创作与评论，2016（18）：95-98.

[61] 朱力. 己所欲 亦勿施于人——从空间原认知谈起 [C]// 中国美术家协会. 为中国而设计第二届全国环境艺术设计大展论文集. 第二届全国环境艺术设计大展暨论坛，2006（5）：182-184.

[62] 朱力. 流动的真实——当代环境艺术的非物质化倾向 [J]. 艺术评论，2007（7）：72.

[63] 朱力. 设计事小 面子事大 [J]. 美术观察，2007（4）：20-21.

[64] 朱力. 水至清则无鱼——从原认知到空间的模糊性 [J]. 艺术教育，2007（8）：136，139.

[65] 朱力. 线·框架·文化心理——论中国传统空间设计的认知模式 [J]. 装饰，2007（11）：60-61.

[66] 朱力. 野渡无人舟自横——对中国环境和室内设计的若干忧思 [J]. 美术观察，2003（12）：87-88.

[67] 朱力. 文化在野 [J]. 中外建筑，2023（7）：前插 1.

[68] DAVID H. Spaces of capital：towards a critical geography[M]. New York：Edinburgh UniversitPress，2001.

[69] EDWARD W S. Seeking spatial justice[M]. Minneapolis：University of Minnesota Press，2010.

[70] HENRI L. Critique of everyday life：Volume Ⅲ. Trans[M]. London：Verso Books，2005.

[71] Kobayashi H. A systematic approach to eco-innovative product design based on life cycle planning[J]. Advanced Engineering Informatics，2006，20（2）.

[72] NICK G. Introduction to rural planning[M]. New York：Routledge Press，2015.

[73] PETER F D. Management：tasks，responsibilities，practices[M]. New York：Harper Business，1993.

[74] Lennard H L. Making cities livable[M]. California：Gondolier Press，1997.

[75] TANG Y, ZHU L, LI J, et al. Assessment of perceived factors of road safety in rural lefi-behinc children's independent travel：A case study in Changsha, China[J]. Sustainability，2023，15（13）.

[76] WANG X K, ZHU L, LI J, et al. Architectural continuity assessment of rural settlement housesa systematic literature review[J]. Land，2023，12（7）.

[77] ZHANG J X, ZHU L. Rural design ethics based on four dimensions[M]// OP Conference series：earth and environmental science. London：IOP Publishing，2017，104（1）.

[78] ZHU L, ZHANG N, QING X Y. Parametric design of outdoor broadcasting studio based on

schematheory[J]. EDP Sciences, 2016: 82.

[79] ZHU L, ZHANG N, QING X Y. Research on algorithm schema of parametric architecture designbased on schema theory[C] // First international conference on information sciences, machinery, materials and energy. Paris: Atantis Press, 2015.

[80] SUN Y L, ZHU L, et al. Study on the Influence and Optimization of Neighborhood Space on the Perceived Restoraion of Rural Left-Behind Older People: The Case of Changsha, China[J]. Sustainability, 2023, 15 (18).

[81] ZHANG N, ZHU L, et al. The Spatial Interface of Informal Settlements to Women's Safety: A Human-Scale Measurement for the Largest Urban Village in Changsha, Hunan Province, China[J]. Sustainability, 2023, 15 (15).

[82] WU H L, ZHU L, et al. Evaluation and Optimization ofe Case of the Mountains-to-Sea Trail, Xiamen, China [J]. Restorative Environmental Perception of Treetop Trails:Land, 2023, 12 (7).

[83] WANG X K, ZHU L, et al. Multiple Paths to Green Building Popularization Under the TOE Framework: A Qualitative Comparative Analysis of Fuzzy Sets Based on 26 Chinese Cities[J]. Sustainability, 2024, 16 (21).

[84] TANG Y, ZHU L, et al. The certificate of publication for the article titled: Quantitative Analysis of the Evolution of Production-Living-Ecological Space in Traditional Villages: A Comparative Study of Rural Areas in Tibet[J]. Land, 2024, 13 (11).

致　谢

　　本书的写作，缘于本人多年来在设计实践中发现的一些社会人士对生态设计的"浅表化"认知，故觉得有必要系统地梳理生态设计的思想内涵。同时，希望能为各类设计专业的理论工作者、高校师生及相关领域从业人员提供参考，并期待通过夯实全民生态设计教育将"全息"生态设计理念外显于行、内化于心。

　　本书的完成首先要衷心地感谢引领我步入环境设计之门的张绮曼教授，导师提出"环境设计即生态设计"的学术主张，并对践行自然生态与人文生态的融合设计给了我莫大启示。

　　此外，需特别感谢所有给我机会主持生态双修设计项目的业主，他们的信任与支持促使我不断在设计实践中发现问题、反思问题。

　　还要感谢410工作室的吴慧超、王效康、唐粤、王昊龙、李贝、谭铠苑、伍妍婕、陈湘湘、张思雨等同学的鼎力相助。

　　最后，必须感谢家人的无私奉献与支持。

朱力
2024年秋于长沙